アンデス高地のジャガイモ畑(ペルー，クスコ県チンチェーロ村〔標高約 3800 m〕).
1月頃から3月頃までのペルー・アンデス高地では，このようなジャガイモのお花畑が各地でみられる.

先住民のケチュアの人たちによるジャガイモの収穫(ペルー，クスコ県マルカパタ村). ひとつの畑に 10～20 種類もの品種を混植する.

ダブリンのジャガイモ大飢饉の記念碑(アイルランド).食べ物がなく,やせおとろえた人たちが足をひきずって歩く姿をあらわしている.

ゴッホ「ジャガイモを食べる人たち」(1885年,ゴッホ美術館蔵).油彩で,82 cm× 114 cm の大作.「土がついたままのジャガイモの色」を顔の色に表現しようと努めた作品.

ジャガイモのきた道

――文明・飢饉・戦争

山本紀夫
Norio Yamamoto

岩波新書
1134

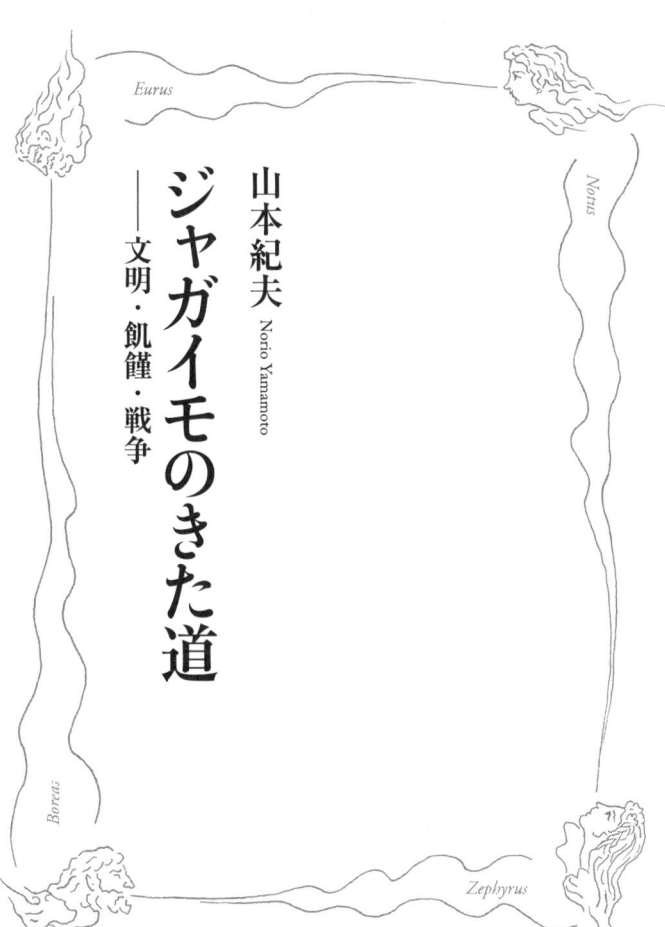

はじめに——ジャガイモと人間の壮大なドラマを追って

イモという言葉に、日本人はあまり良いイメージをもっていないようだ。たとえば、面とむかって、おまえはイモだ、と言われれば良い気はしないし、なかには怒る人もいるかもしれない。それというのも、イモという言葉には「洗練されていないもの」あるいは「田舎者」といったニュアンスがあるからだ。そのせいか、イモ類は穀類などにくらべて二流の食べ物といった感じをもつ人も多い。

しかし、イモ類のひとつであるジャガイモは、コムギ、トウモロコシ、イネについで、栽培面積が世界第四位を占める重要な作物である。また、栽培していない国はほとんどないとされるほど、ジャガイモは世界中で広く栽培されている。が、このように広く利用されるようになるまでには長い年月がかかり、数奇な運命をたどった。ほかでもない、日本と同様にヨーロッパなどでもジャガイモは二流の作物であると考えられたからである。なかには、「悪魔の植物」「聖書に載っていない植物」として忌み嫌った国さえある。こうしてジャガイモは長いあいだ偏見にまみれ、食べ物として注目されることはなかった。

このような偏見は一般の人びとのあいだだけでなく、研究者のあいだにもある。たとえば、イモ類は穀類とともに古くから人類の生存を支えてきたが、人類史のなかでイモ類の貢献に注意を払う研究者は少なく、ほとんどが穀類中心の考え方をする。そのせいか、歴史学者も考古学者も農耕文明のもとになった作物は常に穀類であると考え、「イモなんかで文明が生まれるか」という考古学者さえいる。しかし、はたして、このような考え方は正しいのだろうか。

こんな疑問をもったのは、初めて私がアンデスを訪れたとき、いまから四〇年も前の一九六八年のことであった。この年、私は京都大学のアンデス栽培植物調査隊に参加し、新大陸原産の栽培植物をもとめて、ペルーやボリビアなどの中央アンデスを車で半年ほど駆け巡っていた。アンデスは、ジャガイモをはじめとしてトマトやタバコ、トウガラシなどの原産地であり、これらの起源を探るために様々な品種や野生種の調査をしていたのである。

このように、調査の対象は栽培植物とその野生種であったが、その調査のために歩きまわっていた地域は、はからずもインカ帝国に代表されるアンデス文明が栄えたところであった。そのため、アンデス各地でインカ時代やそれ以前に栄えた様々な時代の遺跡を目にすることができた。さらに、アンデスの高地部では、一般に「インカの末裔《まつえい》」として知られる先住民の人たちが畑を耕している光景も見ることができた。

こうしてアンデスを旅しているうちに、私は穀類が文明を生んだという説に疑問をもつようになった。アンデスで代表的な穀類といえばトウモロコシであるが、このトウモロコシが予想していたほどには大規模に栽培されていなかったからである。とくに、標高三〇〇〇メートルを超すとトウモロコシ畑はまばらになり、高度の上昇とともにやがてトウモロコシは姿を消し、そこではジャガイモを主とするイモ類の栽培が中心となる。また、旅の途中で垣間《かいま》見た先住民の人たちの食事も中心はトウモロコシではなく、ジャガイモのようであった。これらの観察から、少なくともアンデスの高地部では、中米原産のトウモロコシではなく、ジャガイモこそが人びとの暮らしを支えたのではないか、と私は考えるようになったのである。

この考えを追究するために、私はその後もアンデスに通いつづけた。一九七〇年代の後半まで、ほとんど毎年のようにアンデスに通った。やがて、私はそれまでの専門であった植物学から民族学(文化人類学)に転向することにした。アンデス高地で暮らす人びととジャガイモの関係をもっと深く知りたくなったからである。そして、一九七八年から一九八七年まで、かつてインカ帝国の中心地であったクスコ地方の一農村に頻繁に通い、通算で約二年間にわたって農民と暮らしをともにして調査を行なった。その結果、ジャガイモこそがアンデス高地の人びとの暮らしを決定的に変えたという確信をもつようになった。

しかし、この確信はアンデスだけの資料では、やや心もとない。そこで、私はアンデスをしばらく離れ、やはりジャガイモを主作物として栽培しているといわれるヒマラヤ高地のシェルパの人たちの暮らしも知りたいと思った。しかし、残念ながら文献資料だけでは私の知りたいジャガイモと人びとの暮らしの関係があまりわからなかった。そこで、調査隊を組織して自分自身で調査をしてみることにし、一九九四年から三年間にわたり、一〇名あまりの研究仲間とともにネパール・ヒマラヤでの調査を行なった。この調査でもシェルパの人びとにとってジャガイモは不可欠な食糧であることが明らかになった。また、ジャガイモの導入はシェルパの人びとにとって「ジャガイモ革命」とよばれるほどの大きな変化を与えていることも知った。

こうしてアンデスとヒマラヤでの人びととジャガイモの密接な関係を見て、ジャガイモと人間の関係についてさらに深く知りたくなった。すなわち、ジャガイモはどのようにしてアンデスで誕生したのか。そのジャガイモの誕生はアンデスの人びとの暮らしにどのような影響を与えたのか。また、ジャガイモはアンデスからどのようにして世界中に広がったのか。そして、ジャガイモの普及は世界各地の人びとの暮らしにどのような変化を与えたのだろうか。そこには様々なドラマがあったのではなかったか。こんなことを考えるようになったのである。

ヒマラヤのあと、私はチベットへ、アフリカへ、さらにヨーロッパにも足をのばし、ジャガイモと人びととの関係を追った。また、このあいだには日本でもしばしば北海道や青森などを訪れ、日本人とジャガイモとの関係も調べた。そうして、ジャガイモと人間のあいだには壮大なドラマがあるということを知った。

本書は、このような調査および文献などによって得た知識をまとめて、ジャガイモと人びとの暮らしの関係を明らかにしようとしたものである。本書を通じて、あまり知られることのないジャガイモの大きな役割を知っていただければ幸いである。

目 次

はじめに――ジャガイモと人間の壮大なドラマを追って

第1章 ジャガイモの誕生――野生種から栽培種へ…………1

野生のジャガイモ／ジャガイモの故郷／栽培化とは／祖先種は雑草／毒との戦い／毒ぬき技術の開発／栽培ジャガイモの誕生／栽培の開始

第2章 山岳文明を生んだジャガイモ――インカ帝国の農耕文化…………25

イモは文明を生まないか／神殿とジャガイモ／謎の神殿、ティワナク／貯蔵技術の発達／インカ帝国／スペイン人を驚嘆させた農耕技術／二種類の耕地／「主食はジャガイモ」／インカ帝国とジャガイモ

第3章　「悪魔の植物」、ヨーロッパへ――飢饉と戦争……………………59
ジャガイモの「発見」／いつヨーロッパに渡ったのか／フランスへ／戦争とともに拡大したジャガイモ栽培―ドイツ／飢饉が転機に／「危険な植物」から主食へ―イギリス／フィッシュ・アンド・チップスの登場／「ジャガイモ好き」―アイルランド／「ジャガイモ大飢饉」／「大飢饉」の原因と結果

第4章　ヒマラヤの「ジャガイモ革命」――雲の上の畑で……………………95
高地民族、シェルパ／エベレストの山麓にて／「ジャガイモ革命」論争／ソル地方のシェルパ／屋根裏のダイニング・キッチン／チベット由来の食の伝統／多彩なジャガイモ料理／食生活の大きな変化／シェルパ社会の食卓革命／飛躍するジャガイモ

第5章　日本人とジャガイモ――北国の保存技術……………………123
江戸時代に伝来／日本各地へ／北海道のデンプンブーム／

目次

青森県への普及／カンナカケイモと凍みイモ／文明開化とジャガイモ／戦争とジャガイモ

第6章　伝統と近代化のはざまで——インカの末裔たちとジャガイモ……153

インカの末裔たち／大きな高度差を生かした暮らし／イモづくしの食卓／特異な価値をもつトウモロコシ／なぜ大きな高度差を利用するのか／高度差一〇〇〇メートル以上のジャガイモ耕地／収穫の減少を防ぐために／伝統と近代化のはざまで／都市と農村の大きな格差

終章　偏見をのりこえて——ジャガイモと人間の未来……185

今もつづく偏見／歴史から学ぶこと／アフリカでも広がるジャガイモ栽培／大きな可能性を秘めるジャガイモ

あとがき……201

参考文献

＊本書中、とくに断りのない写真は著者撮影による。
＊引用文は原則として、旧字旧かなを新字新かなに改めたほか、読みやすさを考慮し、必要に応じて振りがなを付した。

第1章
ジャガイモの誕生
――野生種から栽培種へ――

野生のジャガイモ(*Solanum acaule*). イモの大きさを左のタバコの箱と比較されたい.

野生のジャガイモ

ジャガイモには、畑で栽培されるもののほかに、野生状態で生えているものもある。前者は栽培種、後者は野生種とよばれる。このジャガイモの野生種をはじめて自分の目で見たのは、今から四〇年前の一九六八年一二月、場所はペルーとボリビアの国境近くにあるティティカカ湖畔でのことであった。ティティカカ湖は湖面の標高が富士山の頂上よりも高い三八〇〇メートルあまりもあり、大型の船が通う湖としては世界最高所にあることで知られる。その湖畔には藁葺《わらぶ》きの農家が散見され、ジャガイモなどの畑も広がっている。

こんな畑のなかの道を全輪駆動車で走っていたときのことだった。一二月は雨季の真っ最中とあって道はぬかるみ、全輪駆動車でなければ走れない。そんな状態のなかで、ぬかるみにハンドルをとられながら車を運転していたとき、畑のまわりにチラッと気になる植物が目に入ってきた。雑草のように見えるが、ジャガイモのような紫色の花をつけている。ただし、ジャガイモにしては植物があまりにも小さい。そこで、車をとめて、よく見ると、たしかに植物は小さいが、葉の形も、植物全体の姿もジャガイモのそれによく似ている。とくに、かれんな紫色の花は、どこから見てもジャガイモのそれにそっくりだ。念のため、この植物を根元から掘り取ってみると、小指の先ほどの小さなイモをちゃんとつけている。小さいけれど、それはやはりジャガイモの野生種なのであった。

その後も注意していると、ジャガイモの野生種はティティカカ湖畔を含む中央アンデスの高地では結構あちこちで見られることがわかった。ほとんど雨の降らない乾季は植物が枯れてしまうので発見は困難だが、雨季になるとかれんな花が目印となり、比較的容易に見つけることができる。畑のまわりだけでなく、道路わきや家のまわりで雑草のように生えている野生種も多い。インカ時代に造られた神殿や墓に侵入している野生種もある。

ジャガイモの原産地，ティティカカ湖畔の風景．後方はボリビア・アンデス．

とにかく、いずれの野生種も小指ほどの小さなイモをつけている。しかし、現地の人たちによれば、野生のジャガイモは毒があって、とても食べられないという。ジャガイモの芽の部分は有毒で食べられないことが知られているが、それと同じ有毒物質のソラニンを多量に含んでいるせいである。そのため、これらの野生のジャガイモは、現地の人たちから人間は食べないという意味で「キツネのジャガイモ」とよばれている。

そんな小指ほどの小さくて有毒の野生ジャガイモを手にするたびに、私は「こんなに小さくて、しかも毒のあるイモをアンデスの人たちはどのように手をくわえて立派な作物に仕上げたのだろうか」という疑問をもつようになった。じつは、この疑問こそが、私が後にジャガイモに大きな関心をもつきっかけとなった。それというのも、当時、私は京都大学農学部の学生で、アンデス原産の栽培植物の起源に興味をもっていたからである。そのために学生の身でありながらアンデス調査隊を組織し、教官にも加わってもらい、一九六八年にアンデスを訪れたのである。冒頭で述べたティティカカ湖畔の旅もその調査の一環であった。

ジャガイモの故郷

植物学的にいうと、ジャガイモはトマトやタバコ、トウガラシ、そしてナスなどと同じナス科の植物であり、ソラヌム属に属している。このソラヌム属の植物はきわめて多く、一五〇〇種も知られているが、このうちの約一五〇種がイモ(塊茎)をつける、いわゆるジャガイモの仲間である。ただし、ジャガイモの仲間とはいっても、これらのほとんどが野生種であり、栽培種は七種しか知られていない。また、この七種の栽培種のうち世界中で広く栽培されているのは一種だけであり、残りの栽培種はいずれもアンデス高地に分布が限られている。

一方、野生種の分布は広く、北はロッキー山脈から南はアンデス最南端のパタゴニアまでのアメリカ大陸で見られる。また、高度のうえでは海岸地帯から標高四五〇〇メートルあたりの高地にまでおよぶ。ただし、この野生種には栽培種に近縁のものと遠縁のものがあり、近縁のものはすべてペルーからボリビアにかけての中央アンデス高地に集中している。この事実こそが、ティティカカ湖畔を中心とする中央アンデス高地がジャガイモの故郷であることを雄弁に物語っているのである。

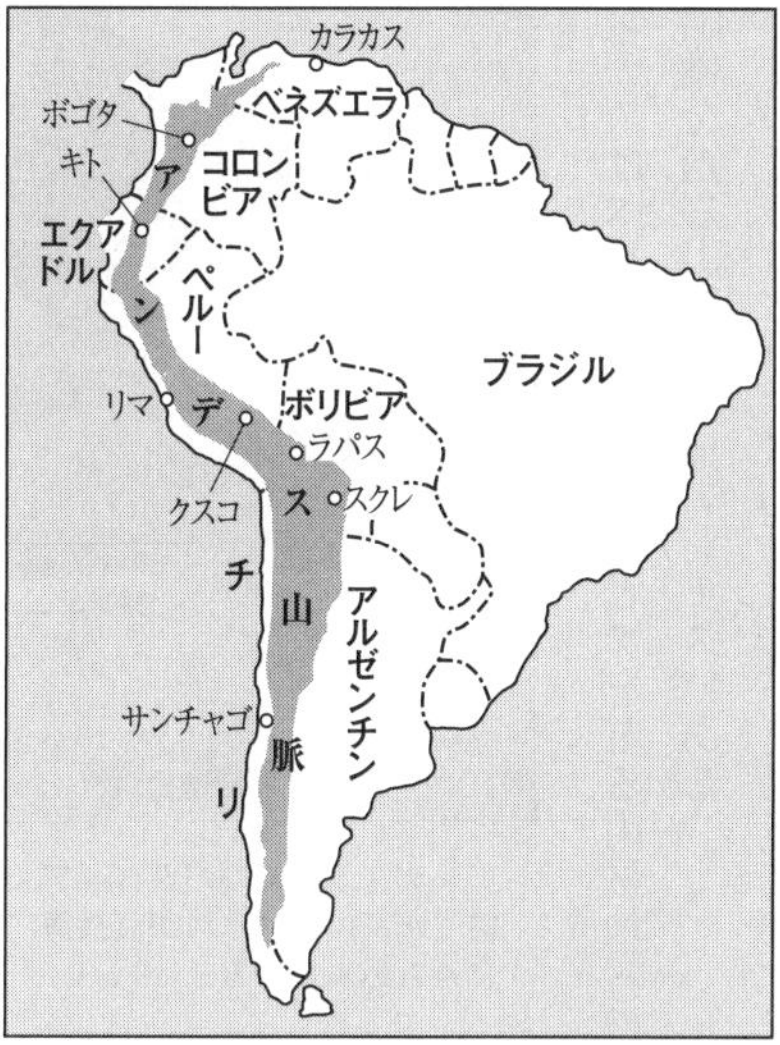

南アメリカ大陸とアンデス山脈

さて、それでは中央アンデス高地とはどのようなところなのか。まずアンデスについて紹介しておこう。アンデスのなかで、中央アンデスは特異な地域だからである。

アンデスは、南アメリカ大陸の太平洋岸にそって南北に約八〇〇〇キロメートルの長さにわたって走る地球上で最長の大山脈であり、そこには標高六〇〇〇メートルを超す高峰も少なくない。高さこそヒマラヤの高峰に劣るも

アンデス最南端のパタゴニア．緯度が高いため氷河が直接海に落ち込んでいる．

のの、その長さはヒマラヤの長さの三倍あまりに達する、じつに長大な山脈である。これほど長いため、アンデスはふつう大きく次の三地域にわけられる。すなわち、北部アンデス、中央アンデス、そして南部アンデスである。このうち、北部アンデスの大部分は赤道以北にあり、国でいうとベネズエラ、コロンビア、エクアドルを走る山脈である。中央アンデスはペルーおよびボリビアを走る山岳地帯のことで、それよりも南のチリとアルゼンチン国境を走る山脈が南部アンデスである。

　このようにアンデス山脈は赤道をこえて南北に長く走るため、その環境は緯度によって大きく変化する。それを端的に示しているのが、氷河や万年雪の残る、いわゆる雪線の高さである。エクアドルやペルーのように緯度の低い地域での雪線は標高五〇〇〇メートル前後であるが、アンデス最南端のパタゴニアでは雪線は標高一〇〇〇メートル足らずとなり、場所によっては氷河が直接に海に落ち込んでいるところさえある。

　一方、緯度が低くなればなるほど、一般に気温は高くなる。このため、低緯度地帯に位置す

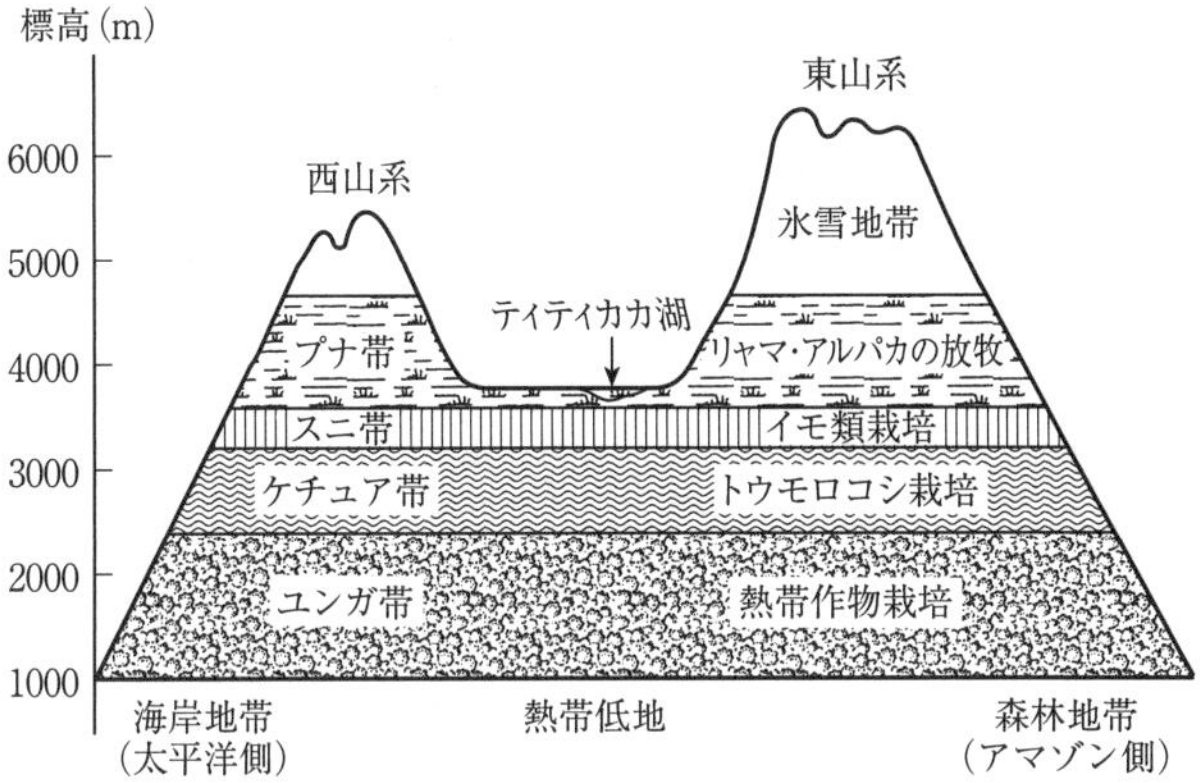

図 1-1　中央アンデス南部の環境とその利用．左は現地の住民による環境区分の名称．たとえば，プナ帯は高山草地帯のこと．

る地域は熱帯あるいは亜熱帯圏となる。北部アンデスや中央アンデスも低緯度地帯にあり、両地域はしばしば「熱帯アンデス」とよばれる。しかし、そこでは一般の日本人がイメージする熱帯とは大きく異なった環境も見られる。つまり、熱帯圏に六〇〇〇メートルに達する大きな高度差をもつ山岳地帯が位置しているため、標高の高いところでは高山草地帯や氷雪地帯も見られるのである(図1-1)。

このように、北部アンデスや中央アンデスが低緯度地帯に位置することが、様々な点で重要な意味をもつ。先に標高三八〇〇メートルあまりのティティカカ湖畔でも農家や畑が見られることを紹介したが、これも低緯度地帯であるがゆえに高地であっても気候が一年をとおして比較的温暖だからである。そして、このような高地でも人が暮らしていることが、後に述べるように「ジャガイモの誕生」に決定的な役割を果たしたのである。もうひとつ、中央アンデスの高地にはジャガイモの誕生をうながしたと思われる環境条件がある。それは中央アンデス高地にはイモをつける植物がもともと多かったと考えられることだ。じつは、中央アンデス高地の季節は雨がよく降る雨季と雨の乏しい乾季にわけられるが、これがイモをつける植物の出現に大きな影響を与えている。それというのも、長い乾季の存在は植物の生育にとって不都合であり、このような乾燥に適応した植物の生態型のひとつが地下茎や根に養分を貯蔵することだからである。

実際に、中央アンデスの高地にはイモをつける植物が多い。ジャガイモが属するナス科のほかにもカタバミ科、ツルムラサキ科、ノウゼンハレン科、セリ科、キク科、アブラナ科などの植物にもイモをつけるものが知られている。さらに、これらは野生種だけでなく、いずれも栽培種も知られている。このことは、とりもなおさず、これらのイモ類をアンデスの人たちが長く利用してきたことを物語っている。

栽培化とは

では、このような野生種から、ジャガイモの栽培種はどのようにして生み出されたのであろうか。この点に関して、まず述べておかなければならないことがある。それは、ジャガイモに限らず、わたしたちが日常食べている「栽培植物」はすべて人間が作りだしたものであるということだ。ただし、ここでいう栽培植物とは単に栽培される植物という意味ではない。栽培植物とは、栽培の過程で植物を人間にとって都合よく改変した結果、野生の植物とはすっかりちがったものになっている植物のことである。それは「作物」ともよばれるが、栽培植物はまさしく人間によって作られた植物なのである。

たとえば、種子植物は熟すと種子がパラパラ落ちたり、風に吹かれて飛ばされてしまう。これは野生の植物にとって繁殖のために必要な性質で、「種子の脱落性」という。しかし、種子の脱落性は人間が利用するうえでは不都合なので、種子を利用する栽培植物では、ほとんど例外なくこの性質を欠いたものになっている。おそらく、人間は収穫するときまで種子が脱落しないものを選びだし、それをもっぱら栽培するようになったのであろう。あるいは、野生の植物を栽培するなかで突然変異によって生じた非脱落性の種子を発見したのかもしれない。さらに、イモを食用に利用するものであれば、ふつう野生のイモはきわめて小さいので、より大きいものを選択する努力も払われたにちがいない。

こうして、このような努力を何百年、あるいは何千年とつづけることで、人間は野生のものとは大きく異なった栽培植物を生みだしたのである。このように動植物を人間が自分たちの都合のよいように変えることを一般に「ドメスティケーション」とよぶ。日本語では動物の場合が「家畜化」、植物では「栽培化」と訳されているので、ここでもそれに従うことにする。

さて、それではジャガイモの栽培化はどのようにして進められたのか。これは、きわめて古い時代のことなので資料がない。しかし、いささか大胆ではあるが推理してみよう。まず、確実なことがある。それは、今から一万年ほど前、アンデスに初めて人類が姿をあらわした頃、そこにはジャガイモだけでなく、栽培植物は何ひとつなかったということである。当時、アメリカ大陸では農業はまだ知られておらず、すべての住民は狩猟や採集で暮らしていたとされている。とくに、アンデスに最初に姿をあらわした「最初のアンデス人」は、マストドン(絶滅したゾウ型の哺乳類)やウマ、リャマやアルパカなどの祖先にあたるラクダ科動物などを狩猟の対象にしており、「大型動物のハンター」として知られているのである。

しかし、彼らは動物の肉だけを食料としていたわけではなかった。とりわけ、後に大型動物が急速に姿を消してゆくなかで、彼らは植物をも食料として積極的に取り入れていったと考えられている。狩猟とともに、植物の採集も行ない、野生植物の種子や果実、さらには根や茎なども食料としていた可能性が高くなっている。なかでも、アンデス高地では根や茎が肥大したイモ類が重要な食糧源になっていたと考えられる。その理由を次に述べよう。

祖先種は雑草

まず、アンデス高地には食糧源になりそうな植物が乏しい。とくにジャガイモの原産地とされる標高四〇〇〇メートルに近い高地は森林限界を超しているため樹木はなく、果実はほとんど得られない。高原をおおう植物のほとんどはイチュとよばれるイネ科の植物であるが、これは非常に小さな種子しかつけないので、これを食料にするのは容易ではない。この小さな種子にくらべれば、一般にイモ類は可食部が大きく、狩猟採集をしていた人びとにとって魅力的な食料に映ったにちがいない。

一方で、イモ類は人間が利用できる部分を地下につけるので、その発見は穀類ほどには容易でないことも考えられる。しかし、人間が採集し、利用していた野生のイモ類はもともと人間の生活圏からあまり離れていない場所に自生していた可能性がある。それというのも、後に栽培植物となるイモ類は、いわば人臭い環境だけに生育する「雑草」だったからである。

雑草といえば、日本ではふつう邪魔な植物あるいは役にたたない植物というイメージがあるが、ここでいう雑草とはそれとはやや異なる植物群のことである。すなわち、雑草とは人間が攪乱した環境のみに適応し、人間に随伴している植物のことだ。実際、雑草は道ばたや畑、さらに空閑地などで生育し、自然林や自然草原には侵入しない。そして、人間によって利用されるようになったイモ類もこのような雑草型のものであり、人間の身近にあったと考えられるのである。

インカ時代に建てられた石壁の隙間から生えている野生のジャガイモ（*S. raphanifolium*）

じつは、ある環境を人間が恒常的に利用することで、そこは自然の生態系では見られなかった人工的な環境に変化することが知られている。たとえば、薪とりのために森林を伐採したり、移動にともなって踏み跡をつくったり、さらに排泄物を残すようなことをつづけていれば、そこは人間によって攪乱された環境となる。やがて、そのような環境だけで生育する植物が生まれてくる。そのような植物こそが雑草なのである。

アンデス高地では野生植物の雑草化を促進したと考えられる、もうひとつの要因がある。それがラクダ科動物の分布であり、利用である。アンデス高地にはリャマとアルパカの二つのラクダ科家畜がいるが、これらを家畜化する前には、その野生種を人間の管理下におこうとする努力が長いあいだつづけられたにちがいない。たとえば、動物の群れを囲い込むような努力もあったと考えられるが、そこでは先述したような意味での生態系の攪乱が生じたであろう。

このような動物の囲い場には大量の糞尿も残されることになるが、これが大きな意味をもつ。人間の排泄物にせよ、動物の糞尿にせよ、そこには窒素をはじめ、様々な物質が含まれている。

このような物質、とくに窒素に対して適応した、いわゆる好窒素植物がやがて生まれてくる。好窒素植物とは、窒素を肥料として与えると生育がよくなる植物のことである。一方、野生植物の多くは窒素肥料を与えると成長のバランスを失うことが知られている。こうして、イモ類の野生種のなかにも撹乱した環境のみに生育するもの、すなわち雑草型のものが生まれるようになったと判断されるのである。

毒との戦い

ジャガイモなどの野生のイモ類が容易に見つけられたとしても、それを食べることは容易ではなかったと思われる。それというのも、ふつう野生のイモ類は塊茎(地下茎が肥大したもの)や塊根(根が肥大したもの)に多量の有毒成分を含んでいるからである。これは、野生のイモ類にとっては自らが繁殖するために動物などに食べられないようにするための工夫であるが、それを食べようとする人間にとっては問題である。有毒成分のせいで、美味しそうに見えるイモ類も加熱したくらいでは食べられないほど苦かったはずだからだ。

たとえば、野生のジャガイモはソラニンやチャコニンなどのアルカロイド性の有毒物質を多量に含んでいる。また、カタバミ科のイモは蓚酸、ツルムラサキ科のイモもサポニンなどの有毒物質を含んでいる。化学者たちの調査によれば、ふつう野生のジャガイモは一〇〇グラム中に一〇〇ミリグラム以上のソラニンを含んでいるが、人間は一五〜二〇ミリグラムほどのソラニンが含まれているだけで苦味を感じ、人体には有毒であるとされる。ところが、野生のジャガイモはその許容量の五倍以上もの有毒物質を含んでいるのである。このソラニンの毒性はあまり強くはないが、それでも大量に摂取すれば死ぬことさえある。

このような有毒植物を人間はどのようにして利用したのであろうか。これには二つの考え方がある。ひとつは、有毒なイモのなかからできるだけ有毒成分の少ないものを選びだし、それを選択的に食べたというものである。たしかに栽培化されたジャガイモは有毒成分の含有量が少なくなっているので、このような努力もあったのかもしれないが、野生のジャガイモで有毒成分の少ないものは例外的な存在であり、それを見つけるのはきわめて困難であったと考えられる。

もうひとつの考え方は、イモの有毒成分を無毒化する技術を人間が開発したというものである。この無毒化は一般的に「毒ぬき」の言葉で知られているので、ここでも、それに従おう。さて、この毒ぬきに関して中央アンデス高地のジャガイモには興味深いことがある。それは、栽培種のなかにも有毒成分を多量に含むため、毒ぬきをしないと食べられないものがあることだ。これは、現地のケチュア語でルキ、スペイン語では「苦いジャガイモ」を意味するパパ・アマルガとよばれている。

この毒ぬきはもともと野生のイモ類の毒ぬき技術から発展したのではないか、と私は考えている。実際に、アンデスの一部地方では野生種を今も毒ぬきをし、食用にしているところがある。そこで、ジャガイモの毒ぬきの方法を紹介しておこう。中央アンデス高地独特の気象条件を利用した奇想天外な方法だ。

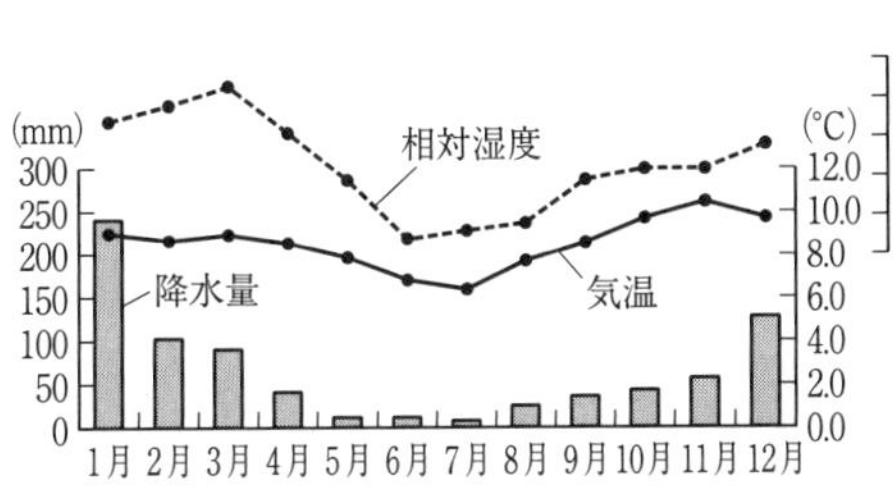

図 **1-2**　ラパス（標高約 4100 m）の気候．〔理科年表 2007〕より作成．

　そこで、まず中央アンデス高地の気象条件をみておきたい。図1-2はティティカカ湖畔に近いボリビアのラパス空港（標高約四一〇〇メートル）の降水量、平均気温、相対湿度を示したものである。この図でも明らかなように、中央アンデス高地の一年は雨季と乾季にわけられ、四月から九月頃までが乾季で、残りの期間が雨季である。この乾季は雨が降らないだけでなく、乾燥し、さらに一日の気温変化も激しくなる。なかでも、六月頃は一年のうちでもっとも湿度が低く、一日の気温変化が最大になる。標高四〇〇〇メートルくらいの高地でも日中はポカポカ陽気だが、夜は氷点下五〜六度にまで気温が下がる。そのため、朝のうちは霜がおりて高原も真っ白になっているが、太陽がのぼるとともに気温は急激に上昇し、陽射しは強く、暑いと感じることさえある。

毒ぬき技術の開発

このような気象条件を利用して毒ぬきは行なわれる。毒ぬきは、まず野天にジャガイモを広げることから始める。イモとイモが重ならないよう、また接しないように広げる。ひとつひとつのイモが外気に十分にふれるようにする工夫である。そして、このままの状態で数日間放置しておく。放置されたジャガイモは、夜間は凍結し、日中は解凍するというプロセスをくりかえす。これを数日もつづけると、イモは指で押しただけでも水分が吹き出るほど、やわらかく、膨潤した状態になってくる。このような状態のイモを少しずつ集めて小山状にし、これを足で踏みつける。踏みつけられたイモからは水分が流れ出す。水分が出なくなるまで、イモをまんべんなく、しかもリズミカルに踏みつける。そのリズムにあわせるかのようにイモからは「ザクッ、ザクッ」という音とともに水分が流れ出てゆく。ちなみに、この踏みつける作業を私もやらせてもらったが、予想に反してジャガイモから出る水分は冷たくなく、あたたかいことに驚いたものである。

踏みおわったイモは、ふたたび野天に広げ、そのまま数日間放置しておく。乾季の三〇%前後の低い湿度、摂氏二〇度以上もの激しい気温変化のおかげで、イモの水分はほとんど取り除かれる。先述したようにジャガイモの有毒成分の主なものはアルカロイド性物質のソラニンであるが、これは細胞の中にある液胞に存在する。したがって、イモを踏みつけ細胞壁をこわして脱汁すれば、液胞の水分とともに有毒成分も流れ出るのである。

もちろんアンデスの人たちはこのような植物の仕組みをはじめから知っていたわけではなく、おそらく有毒成分を含んでいて食べにくいイモ類を食べようとして経験的に知ったのであろう。そして、それは野生のジャガイモを利用するときに始まったのではないか、と私は考えている。ただし、その方法はもっと単純なものであった可能性がある。たとえば足で踏むこともなく、乾燥させることもなかったかもしれない。野生のジャガイモは小指大ほどの小さなイモしかつけないので、足で踏まないで手でしぼるだけでも十分に脱汁できるからである。

チューニョづくり．やわらかくなったジャガイモを足で踏んで脱汁している．

この方法が知られる前、アンデスの人たちには有毒の野生ジャガイモとの長い戦いがあったにちがいない。有毒とは知らないで野生のジャガイモを食べて腹痛に苦しんだ人もいただろう。ひょっとすると有毒ジャガイモを大量に食べて死んでしまった不幸な人もいたかもしれない。

ここで注目すべきことは、ジャガイモの毒ぬきが行なわれているのが、まさしくジャガイモが栽培化された中央アンデスの高地だけだということだ。これは偶然の一致なのだろうか。そうではなく、おそらく栽培化と加工技術の密接な関係を物語っていると思われる。

毒ぬきをし、乾燥したイモは「チューニョ」の名前で知られる。このチューニョはもとの生のイモにくらべて、重量、大きさともに半分から三分の一くらいの小さなコルク状のものになっている。そのおかげでチューニョは状態さえよければ何年でも貯蔵しておける。また、軽くて輸送にも便利なので交易品としても重宝される。

したがって、これまでチューニョは貯蔵や輸送に便利な加工品としての価値のみが強調されてきた。たしかに、この価値はきわめて大きい。一般にイモ類は水分を多く含んでいて腐りやすく、貯蔵に不便であるが、この欠点をチューニョ加工の技術は克服したからだ。この点については後ほどあらためて検討するが、この加工法が毒ぬきの機能もあわせもっていることを強調しておきたい。

栽培ジャガイモの誕生

毒ぬき技術の開発は、まだ農耕を知らなかったアンデス高地の住民に革命的な変化をもたらしたであろう。毒があるために食べられなかった様々なイモ類が食用になったと考えられるからだ。そうだとしたら、彼らは採集して食べるだけでなく、そのイモを居住地近くに植えつけたかもしれない。栽培の開始である。じつのところ、どのようにしてジャガイモの栽培が始まったのかという点についてはまったくわかっていないが、私は次のようなストーリーを考えている。

……狩猟採集時代のアンデス高地の住民は身近にある雑草型のジャガイモを、くりかえし長く利用した。そのあいだに彼らは雑草型ジャガイモに関する知識を蓄積し、そのイモを植えつければ再生産できることを知る。やがて、くりかえし植えつけられたジャガイモのなかから、突然変異などで大きなイモをつけるものも生まれた。さらに、このような過程のなかで少しでも有毒成分の少ないものを探し、それをくりかえし栽培したかもしれない。こうして、加熱しただけでも食べられ、大きなイモをつけるジャガイモが誕生したのではないか……。

このストーリーは証明されたわけではないが、このように考えないとジャガイモの栽培化のプロセスが理解できないのである。実際に、栽培化されたジャガイモはイモに含まれる有毒成分が少なくなっており、そしてイモ自体も大きくなっている。

植物学的には、栽培化されたジャガイモは一種だけでなく、七種もある。そのなかで真っ先に栽培化されたジャガイモは二倍体（ジャガイモの染色体の基本数は一二で、その二倍の二四本の染

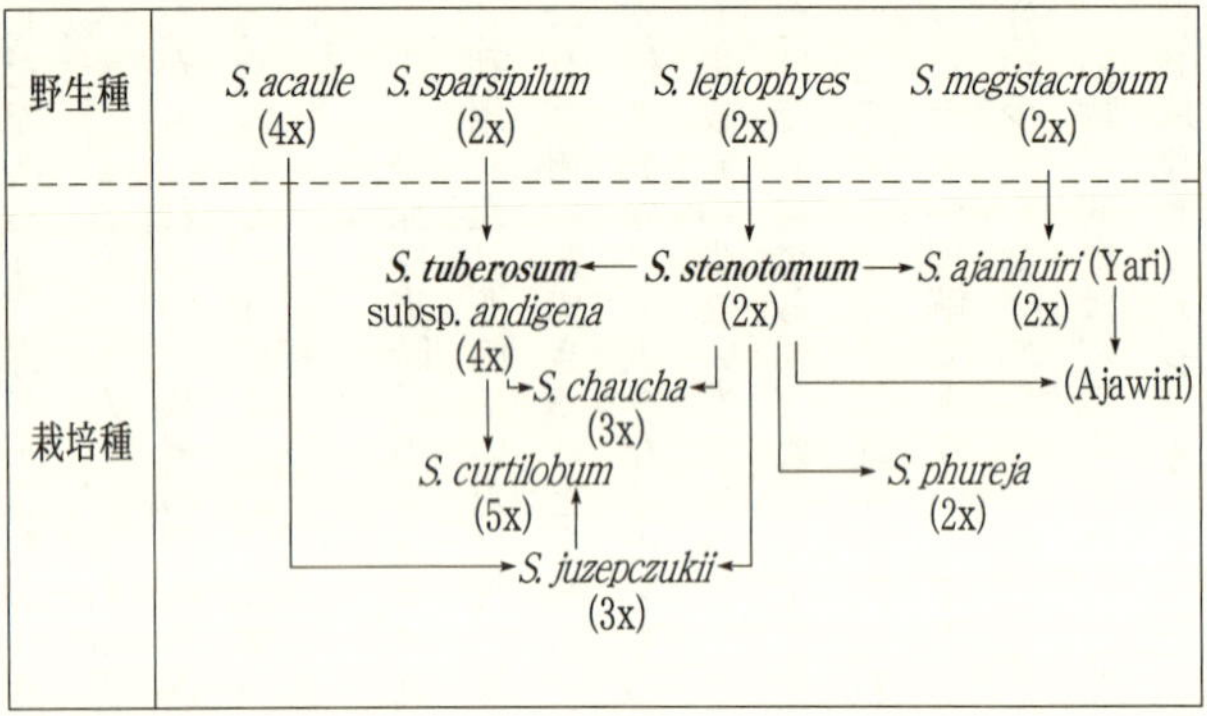

図 1-3　ジャガイモ栽培種の進化および倍数性〔Hawkes 1990〕

色体をもつもの)で学名をソラヌム・ステノトーマムという(図1-3)。その後、このステノトーマム種からは様々な環境に適した、いくつもの栽培種が生み出される。

　このステノトーマム種のジャガイモを栽培するうちに、やがて畑の中からもっと大型のイモをつけるジャガイモがあらわれてくる。ステノトーマム種の二倍の染色体数をもつ四倍体のジャガイモ、トゥベローサム種である。この四倍体のジャガイモの出現でアンデスの人びとはより大きい収量を得ることができるようになった。このため、四倍体のジャガイモはアンデスのほぼ全域で栽培されるようになる。ちなみに、この四倍体のジャガイモ、ソラヌム・トゥベローサムこそは現在世界中で広く栽培利用されているものであり、残りの栽培種は現在も栽培がアンデスに限られている。

　このあともアンデスでは、三六本の染色体をもつ三

表 1-1　南アメリカにおける有毒な作物とその主要な加工法

作物名	学　名	有毒物質	加工方法
マニオク	*Manihot esculenta*	青酸	水晒し，加熱
ジャガイモ	*Solanum juzepczukii* *S. curtilobum*	ソラニン	凍結乾燥，水晒し 発酵
オカ	*Oxalis tuberosa*	蓚酸	凍結乾燥，水晒し
キヌア	*Chenopodium quinoa*	サポニン	水晒し
タルウイ	*Lupinus mutabilis*	ルパニン	水晒し

倍体、六〇本の染色体をもつ五倍体のジャガイモも生み出され、全部で七種ものジャガイモが栽培化された。そして、その品種にいたっては数千種類におよぶとされる。ここで注意していただきたいのは、「種」というのは植物学でいうスピーシスのことであり、このスピーシスそれぞれから多くの「品種」が生み出されていることだ。たとえば、日本で栽培されている「メイクイン」も「男爵」も品種名であり、植物学的にはどちらも四倍体のソラヌム・トゥベローサムに属する。また、現在、世界各地で様々な品種が栽培されているが、これらもすべてトゥベローサム種である。いいかえれば、世界各地で栽培されているジャガイモ品種は、すべて元をたどればアンデスで生まれたトゥベローサム種の一種に由来し、アンデスを離れてから分化したものなのである。

なお、ジャガイモの野生種だけがイモに有毒成分を含んでいるわけでなく、先述したようにイモ類の野生種は有毒成分を含んでいるのがふつうである。そして、ほかのイモ類でもこのような毒ぬき技術が開発されていた。たとえばカタバミ科のオカもジャガイモの場合と同じように凍結乾燥したり、水晒しをして毒ぬきをしている。オカも多量の蓚酸を含むものがあり、これも煮ただけでは食べられないのである。さらに、アンデスの人たちはイモ類だけに毒ぬき技術を開発したわけではなく、表1-1に示したように、ほかにも毒ぬきをしている作物がある。こうしてみてくると、中央アンデス高地で野生の植物を食糧源として利用するとき、真っ先に毒ぬきの技術が開発されたのではないかと考えられるのである。

栽培の開始

これまでジャガイモの利用から栽培化までを論じてきたが、いささか先を急ぎすぎたかもしれない。ジャガイモの栽培化は紀元前五〇〇〇年頃とみなされているので、その栽培化までには最初のアンデス人がジャガイモの利用を始めてから数千年もの長い年月が必要であったと考えられるからだ。この数千年のあいだ、中央アンデス高地の住民はシカとラクダ科動物を中心とした狩猟を行ないながら野生の植物資源も利用していた。この高地中心の暮らしこそが中央アンデス高地で数多くの動植物の家畜化や栽培化が進んだ大きな要因であると考えられる。先にジャガイモの栽培化について述べたが、中央アンデス高地ではオカやオユコ、マシュア(ノウゼンハレン科)などのイモ類、キヌアやカニワなどの雑穀、そしてタルウイなどのマメ類も栽培化されている。また、先述したように中央アンデス高地はリャマやアルパカなどのラクダ科動物の家畜化の舞台にもなったのである。

さて、それでは、ジャガイモの栽培化はアンデスの人びとの暮らしにどのような変化を与えたのであろうか。真っ先に考えられることは、食糧の採集や狩猟から食糧の生産への変化である。この変化はアンデスに限らず、世界の各地でおこったが、それは人類の歴史においてきわめて大きな意味をもつものであった。そのため、この変化を考古学者たちは「農業革命」あるいは「食糧生産革命」とよんでいる。

この食糧の採集から生産への生活体系の変化について、考古学者のサンダーズは次のように三つにまとめている。

リャマ．主として荷物の輸送用に使われるラクダ科の家畜．

(1)食糧採集は季節的な人口移動を必要とするのに対して、食糧生産は定住化を促進し、定住の地理的範囲をいちじるしく拡大する。

(2)採集狩猟体系では、もっとも生産性の高い環境にあってさえ、食物の量が季節的に、また年ごとに大きく変動するので、人口は最低のレベルでのみ安定する傾向がある。一方、食糧生産体系では、生産される食糧の全体量は大幅に増加し、その結果、人口密度の潜在的可能性が増大する。

（3）食糧生産は、食糧供給を達成するのに必要な時間の総量を減少させる。その結果、生まれた余剰時間は、経済、社会、政治、宗教など、いろいろな活動にあてることができる。

要するに、食糧の採集から生産への変化は、定住の発達、人口の増加、そして余剰時間の増加をもたらすのである。ここで注意しなければならないことがある。それは、食糧生産の最初の段階では様々なものを食糧源にしていたであろうが、農耕を基盤にした社会では、ひとつ、あるいは二、三の栽培植物が人口の大部分に対して食糧の大半を供給するようになることである。これが主作物とよばれるものであり、これから必要カロリーの大部分がとられる。主食となる栽培植物は単位重量および単位耕作面積あたりのカロリーが高いものになっており、これらのほとんどすべては穀類かイモ類なのである。

この点でアンデスには注目すべきことがある。それは、アンデスでは穀類がまったく栽培化されなかったのに、イモ類は多種多様なものが栽培化されたことだ。そして、その多種多様なイモ類のなかで中心となるものこそが、ジャガイモなのである。

それでは、ジャガイモはアンデス高地の人びとの暮らしにどのような変化をもたらしたのだろうか。それを次章でみてみよう。

第2章
山岳文明を生んだジャガイモ
——インカ帝国の農耕文化——

インカ時代のジャガイモの植えつけ風景．左の男性が手にする道具が踏み鋤[Guaman Poma 1613]．

イモは文明を生まないか

この章の表題を読まれた読者のなかには、「おや?」と疑問をもたれた方がおられるかもしれない。それというのも、考古学や歴史学の常識では、イモ類を中心とする農耕ではなく、穀物農耕こそが文明を生む原動力になったと考えられているからである。実際に、比較文明学者の伊東俊太郎氏も次のように述べている。

……要するに農耕社会から文明社会が形成されてくるためには、蓄積可能な穀物生産による余剰農産物の存在が前提となる。この余剰農産物によって、直接農耕にたずさわらない人口(チャイルドのいう「社会余剰」)を生みだし得たところに、都市文明が開花してくるのである。つまり、穀物農耕こそ、文明社会成立の必須の基盤であるということになる。

(伊東俊太郎『文明の誕生』)

さらに歴史学者の江上波夫氏も、この穀物農耕について次のように述べている。

穀物農耕は、人間の集落を農村から都市まで発達させた唯一無二の経済的要因であった。というのは、芋農耕、野菜農耕、果物農耕など、また羊、山羊、牛、豚などの肉畜の飼養など、いわば非穀物農耕や牧畜の生産経済では、一万人以上の人口を一緒に集住させ、生活させることはほとんどまったく不可能であって、都市の成立はそこではありえないからである。

（江上波夫『文明の起源とその成立』）

このように、江上氏は、イモを中心とする芋農耕では文明は生まれない、とはっきり述べている。また、江上氏も伊東氏も穀物農耕こそが文明を生んだと強調している。これらの説のためか、これまでアンデス文明もイモではなく、トウモロコシを中心とする農耕が生んだというのが定説であった。たとえば、日本の高等学校の歴史教科書でもほとんど例外なく「アンデス文明はトウモロコシ農耕を基礎に成立、発達した」と記述されている。

しかし、これらの説ははたして本当なのだろうか。私自身は、ちがう、と思っている。ジャガイモこそがアンデスの山岳文明を生んだと考えている。ここで、注意していただきたいことがある。それは、アンデスでは太平洋岸の海岸地帯と山岳地帯の両方で諸文化が生まれ、それを総称してアンデス文明とよんでいることである。そして、私がジャガイモによって文明が生まれたと考えているのは、海岸地帯ではなく、山岳地帯でのことである。

したがって、以下ではアンデスの中でも山岳地帯に焦点をあてて論を進めてゆくことをお断りしておきたい。

神殿とジャガイモ

ジャガイモは、紀元前五〇〇〇年頃に栽培化された、と前章で述べたが、その後の農耕の歴史はよくわかっていない。とくに、ほとんど雨が降らない海岸地帯とちがってアンデスの山岳地帯は雨が降るため、考古学的遺物が残りにくく、農耕の歴史を知ることはむずかしい。

しかし、やがて農耕の発達を物語るものがアンデス各地に出現してくる。それが神殿である。先述したように、農耕の発達によって余剰時間が生まれ、経済や社会、政治、宗教など、いろいろな活動が可能になり、それが神殿を生み出したと考えられるのだ。

チャビン・デ・ワンタルの遺跡．この遺跡の下に地下回廊がある．

そのような神殿のひとつに紀元前八〇〇年頃に建てられたチャビン・デ・ワンタルがある。ユネスコの世界文化遺産として登録されたことでも知られる、チャビン文化を象徴する神殿である。その神殿は、アマゾン川の一支流であるマラニョン川の源流近く、標高約三二〇〇メートルに位置している。アンデスの山岳文明を象徴するような神殿である。

この神殿には、円形および方形の半地下式の広場がひとつずつあるほか、カスティージョの名前で知られる城砦のような建物もある。そして、これらの建物の下には地下回廊がはりめぐらされ、その回廊のひとつには高さが約四・五メートルの碑石も立っている。祭祀センターとしての特徴を示すものであろう。

では、このような神殿を築いた人たちの暮らしを支えていた農業はどのようなものだったのだろうか。従来の考え方では、トウモロコシ農耕が支えていたとする研究者が少なくなかった。ただし、私自身はこの神殿を初めて訪れた一九七八年以来、このような考え方に疑問をいだいていた。トウモロコシ農耕が行なわれていたという根拠が薄弱だったからである。また、チャビン・デ・ワンタルの神殿が位置する三二〇〇メートルという高度はトウモロコシが栽培できる上限であり、むしろ寒冷な高地でも栽培できるジャガイモの方が作物として適していると思っていたからでもある。

しかし、ジャガイモは腐りやすく、考古学的遺物としてはほとんど残らないため、私の疑問は解けないままであった。このような問題に対しては従来の考古学的な方法では解決の手がかりがなかったからである。そこに、一九九〇年になって画期的な手法が取り入れられることになった。それは、人骨のたんぱく質(コラーゲン)を抽出し、それを構成する主元素である炭素と窒素の量を測定して、その値から人骨の生前の食生活を復元する方法である。この方法を使えば、古代人が何からどのような割合でエネルギーやたんぱく質を摂取していたかという問題を解明することが可能なのである。

この新しい研究方法誕生の糸口は、陸上植物の光合成機能に三種類の異なったタイプのあることが明らかになったことである。すなわち、陸上植物は三種類の植物群に分類され、それらはC_3型植物、C_4型植物、そしてCAM型植物とよばれる。具体例をあげると、C_3型植物にはイネ、ムギ類、マメ類、サツマイモ、ジャガイモなどが含まれる。C_4型植物は光合成能力が高いとされるサトウキビやトウモロコシ、モロコシ、アワ、キビなどの一群である。CAM型植物にはサボテンやリュウゼツラン(このうちの一種がテキーラなどの酒の材料になることで知られる)などの多肉植物が含まれるが、人間の食生活に関係する栽培植物は少ない。

このように光合成機能の異なる植物のあいだでは、その組織を構成する炭素12と炭素13の比(炭素同位体比C_{13}/C_{12})が変わる。この安定同位体比は食べ物が摂取されてからも人間の組織に記録され、しかも、それは人間の組織がほとんど分解して消滅した後も骨のなかに記録されつづける。したがって、人骨の炭素同位体比を分析すれば、その個体の生前の主要な食糧源となった植物の型を復元することができるのである。

この方法によって、イェール大学のバーガー教授たちはチャビン・デ・ワンタルおよび隣接するワリコト遺跡(標高二七五〇メートル)から出土した人骨を分析した。ここでは、その結果から引き出された結論のみを述べよう。

トウモロコシに代表されるC_4型植物の食糧に占める割合は、二〇%前後にすぎなかった。ワリコト遺跡のチャウカヤン期(前二二〇〇~前一八〇〇年)でも、チャビン・デ・ワンタルのウラバリウ期(前八五〇~前四六〇年)、さらにはハナバリウ期(前三九〇~前二〇〇年)でも同じような

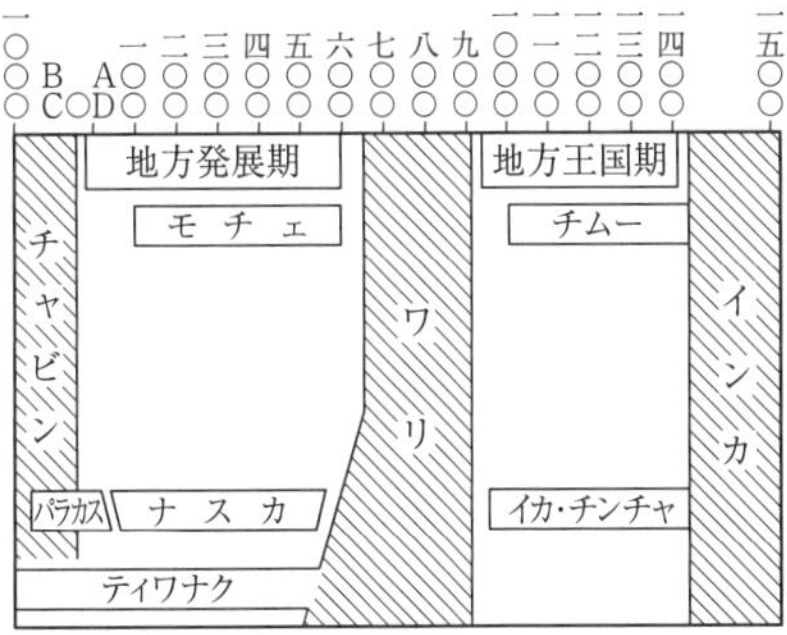

図 2-1 アンデス古代文化編年表[ピース・増田 1988]を一部改変

二〇%前後の低い値しかでていない。これらの事実は、チャビン・デ・ワンタルでもワリコトでも、主要な食糧源になっていた作物がトウモロコシではなく、大半がC_3型植物であるアンデス高地原産の作物であったことを物語る。アンデス高地原産のC_3型植物とは、キヌアやカニワなどの雑穀、タルウイなどのマメ類、そしてジャガイモやオカ、オユコ、マシュアなどのイモ類である。

それではチャビン・デ・ワンタルの人たちは何を主食にしていたのだろうか。バーガー教授たちは、それはトウモロコシではなく、寒冷高地に適したジャガイモであったと判断している。また、やはり寒さに強いキヌアも

中央アンデスの主な古代遺跡

栽培し、それも重要な食糧源にしていたと考えている。

この食生活のパターンは長いあいだ変わらず、少なくとも紀元前二〇〇〇年くらいの古期から紀元前後の形成期にいたるまで、トウモロコシがジャガイモなどのC_3型植物にとってかわることはなかった。したがって、トウモロコシは主食ではなく、主要な食糧源はジャガイモやキヌアのような高地産の作物であったと結論づけている。その理由として同教授は、ジャガイモなどのイモ類がトウモロコシより生産性が高いこと、そして寒冷な高地の環境により適していたことなどをあげている。

さて、チャビンの社会は紀元前二〇〇年頃には消滅する。気候の寒冷化あるいはエル・ニーニョによる自然災害のせいだとする説がある。どちらが正しいのか、あるいは他に原因があるのか、それは今後の研究を待たなければならない。とにかく、このあと中央アンデスでは紀元前後から海岸地帯や山岳地帯の各地で特色ある文化が生まれる。一般に地方発展期と称される時代を迎えるのである。ペルー北海岸のモチェ、南海岸のナスカ、そしてティティカカ湖畔のティワナクなどがその代表的なものである。ここでは山岳文明に焦点をあてているので、ティワナクを取り上げ、その社会の特徴とそれを支えた食糧基盤を探ってみよう。

謎の神殿、ティワナク

ティワナクの中心地の標高は富士山の頂上よりも高い約三八四〇メートル、ティティカカ湖畔の南東約二〇キロメートルに位置し、周囲には高山草地帯が広がっている。ティワナクは、日本ではあまり知られていないが、インカ帝国が成立する一〇〇〇年もまえにティティカカ湖畔で栄えた文化で、その素晴らしさの一端を今も見ることができる。ティティカカ湖畔にティワナク文化の中心であった神殿が残されているからだ。ここをインカ帝国の征服から間もないころに訪れたスペイン人のシエサ・デ・レオンも巨大な建造物に驚き、「巨大な石を、今あるところまで運んで来るにはどれほどの人力が要ったことか、と考えると、まったく驚嘆する」と記録に残しているほどである。なかでも「太陽の門」として知られる建造物は、門の上の部分だけで幅が三メートル、長さが三・七五メートルに達する一枚の岩でできていて、その重さは一〇トン以上もある。そして、その石の表面には大きな神像などが浮き彫りにされている。

さて、この文化の性格については長いあいだ議論がくりかえされてきた。そのひとつは、ティワナクが標高三八〇〇メートルあまりの高地にあって、その農業生産力の低さから考えて都市ではありえず、各地から巡礼者が通う神殿でしかない、とする説である。この説は、そこがトウモロコシの栽培できない高地であることと無関係ではない。トウモロコシ農耕こそがアンデス文明の基礎になったと考えられていたからである。また、ティワナクの位置する高原が人間にとって住みにくいところであると考えられていたことも関係があるだろう。

しかし、このような説の見直しを迫る新しい事実が一九六〇年代に見つかった。この遺跡に隣接する場所で広大な居住区域が発見されたのだ。その発掘をしたロウ博士は、二〇〇ヘクタールにおよぶ連続した居住区域を明らかにしたが、居住のあとを示す堆積がさらに遠くまでのびていることから、二〇〇ヘクタールの居住区域は都市区域のなかのごく小さな部分にすぎないとする見通しを得たのである。

ティワナク遺跡の「太陽の門」

その後に明らかにされた資料によれば、ティワナクにはティティカカ湖の南岸を中心にいくつもの地方センターがあり、かなりの人口を擁していたらしいこともわかってきた。そして、その最盛期（紀元四〇〇～八〇〇年）の勢力範囲はティティカカ盆地を超えて拡大し、支配地域はおおよそ日本の国土面積に匹敵する約四〇万平方キロメートルにおよんだ。

さて、それでは、このティワナクの成立や発達を支えた生業は何であったのだろうか。ティワナクを発掘したコラータ博士によれば、その都市部の経済を支えていたのは集約農業とリャマおよびアルパカの集約的な牧畜、そしてティティカカ湖の資源の利用であったという。なかでも、英語でレイズド・フィールド、現地でワルワルの名前で知られる農耕技術はきわめて生産性が高く、これによって大きな人口を支えることが可能になったとされる。

ティティカカ湖畔のレイズド・フィールド

レイズド・フィールドは「盛り土農耕」とでもいえるものであり、その方法による耕地はティティカカ湖畔で現在もみられる。わたしの観察によれば、レイズド・フィールドは耕地の一部を掘り下げ、その土を盛り上げて畝《うね》としている。この畝の高さは一メートルから二メートル近いものまである。また、畝の幅は五メートルから一〇メートル、長さは数十メートルから一〇〇メートル以上のものもある。

このレイズド・フィールドを詳細に調査した研究者たちによれば、畝の内部構造は図2-2のようになっている。最下層には礫《れき》が敷かれ、その上に一〇センチほどの厚さの粘土層

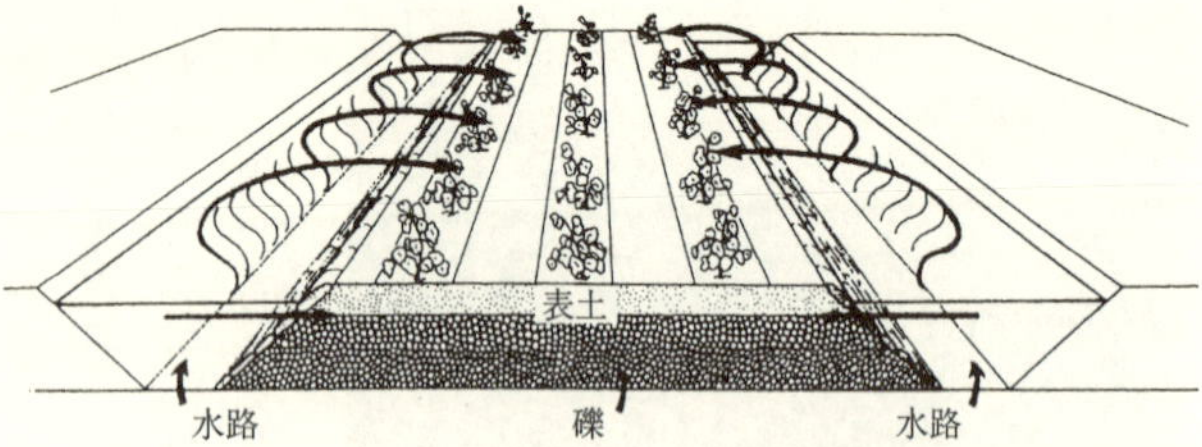

図 2-2　レイズド・フィールドの構造［Kolata 1993］．矢印は水による保温効果の方向を示す．

がある。さらにその上には小さな砂利の混じった三層の土、一番上には栄養分を多く含んだ土が盛られている。最下層の礫は湖畔の泥土に土を盛り上げるための土台であり、その上の粘土層は塩分の浸透を防ぐための工夫らしい。溝にはティティカカ湖から水を引くが、この水が作物栽培に大きな役割を果たす。まず、繁茂する水草やそこに棲息する生物が有機肥料としての役割を果たす。また、長い溝にはられた水が耕地の温度を安定させ、とくに夜間の厳しい冷えこみから耕地をまもる。この結果、この耕地で作物を栽培すれば生産性が高まり、現在の農民の平均的生産量の五倍以上もの収量を上げると算定されている。

このような耕地はかつてティティカカ湖を取り巻くように広く分布していたらしい。先に説明したようにティティカカ湖は平坦な高原に位置しており、雨季などに湖が増水すると周辺地域はしばしば冠水する。この状況から判断して、レイズド・フィールドは、灌漑とは逆に多すぎる水をコントロールする技術、あるいは豊富な水を効率的に利用する技術であった可能性もある。

発掘調査を行なったコラータ博士は、レイズド・フィールドによって支えることのできた人口も推定している。それによれば、ティワナクの中核地帯を約一九〇平方キロメートルとして、二期作を行なえば五七万人から一一〇万人あまり、一年に一度の収穫であれば約二八万人から五五万人と算出した。最終的にコラータ博士が選んだのは三六万五〇〇〇人で、このうち一一万五〇〇〇人が神殿の集中する都市や衛星都市部に住み、残りの二五万人が農耕、牧畜、そして漁労に従事していたと考えた。

これらの生業のなかで、これほどの大人口を支えた最大のものはレイズド・フィールドによる作物栽培であったにちがいない。それでは、その作物は何であったのだろうか。先述したように、標高四〇〇〇メートル前後のティティカカ湖畔では、寒冷な気候のせいでトウモロコシはほとんど育たない。コラータ博士もティワナク時代のレイズド・フィールドでは高地に適した多様な作物を栽培し、とくに霜に対して強い「苦いジャガイモ」を主作物にしていたという。先のティワナクの人口も、ジャガイモの単位面積あたりの収量をもとに推定したものであった。

貯蔵技術の発達

ここで本章冒頭で紹介した江上氏の言葉を思い返していただきたい。江上氏は「非穀物農耕や牧畜の生産経済では、一万人以上の人口を一緒に集住させ、生活させることはほとんどまったく不可能」と述べている。この言葉を、コラータ博士の調査結果は否定している。それでは、なぜ穀物ではなく、イモ類がティワナクのような神殿を生んだのか。そのヒントがコラータ博士の報告に隠されている。

同博士によれば、ティワナクで栽培されていたジャガイモは、主として第1章でルキおよびパパ・アマルガとして紹介した「苦いジャガイモ」であった。これは煮ただけでは食べられず、先述したチューニョに加工しないと食用にならない。では、なぜティワナクではふつうのジャガイモではなく、わざわざ加工の必要なルキ・ジャガイモを主として栽培していたのだろうか。その理由についてコラータ博士自身は何も述べていないが、おそらく、これは考古学的な証拠によるものではなく、現在の民族学的な資料にもとづくものであろう。もしそうであれば、考えられる理由がある。

先述したように、中央アンデスの高地は低緯度地帯にあるため、気候は比較的温暖であるが、そこで農業を行なう上では様々な危険がともなう。高地特有の激しい気温変化、それにともなう降霜や降雪もある。また、ティティカカ湖畔ではしばしば干ばつや多雨による被害もおこっている。このようなアンデス高地での農業には高い生産性より、むしろ安定的な生産がもとめられなければならない。

このような点で、「苦いジャガイモ」の栽培は効果的であったと考えられる。まず、「苦いジャガイモ」は寒さに強いだけでなく、病害虫に強いことも知られている。また、このジャガイモを加工したチューニョは貯蔵食品としても優れており、腐ることがなく何年でも貯蔵が可能である。そのため、たとえ気候不順による飢饉などがあったとしても、それに対してチューニョが大きな役割を果たしたと考えられるのである。実際に、チューニョはティワナクではさかんに加工されていたらしく、ティワナクと同時期の海岸地帯ではモチェ文化の土器にもチューニョを象った土器が出土している。

　このチューニョ加工にみられるジャガイモの貯蔵技術を私は重要視している。それというのも、すでに何度か述べているようにジャガイモは水分を多く含んでいて長期の貯蔵がむずかしく、そのために文明の食糧基盤として軽視されるからである。著名な民族植物学者の中尾佐助氏もイモ類の欠点について次のように述べている。

チューニョを象ったモチェ文化の土器(ペルー国立人類学考古学博物館所蔵).表面が白く加工され,チューニョの特徴を示している.

　一般にイモ類の貯蔵性は低く、輸送となるとさらに困難である。ばあいによるとこの貯蔵困難は、豊かな食糧生産量にもかかわらず、時期的に食糧欠乏をおこし、人口収容力を制限することになる。(中略)そのため、この農耕のもとでは大地域にわたる権力の集中が容易に成立しがたくなり、個人の蓄積も、最も実用的な貨材である食糧をもってしてははなはだ困難である。

（中尾佐助「農業起源論」）

ところが、アンデスの山岳地帯ではチューニョの開発によってイモ類の貯蔵性は高くなり、輸送も容易になった。つまり、アンデスの人びとはジャガイモなどのイモ類の欠点を見事に克服したのである。

なお、ティワナクの社会は一〇世紀頃に崩壊し、土地も放棄された。その原因について、コラータ博士はティティカカ湖畔に大規模な乾燥化がおこったせいであるという。乾燥化により耕地における農業生産性が落ち、ティワナクの政治体制の維持ができなくなったと考えたのである。おそらく、これは突然に生じたものではなく、規模の小さい乾燥化はしばしばおこっていたのであろう。だからこそ、ティワナクでは食糧生産の方法を強化し、食糧貯蔵の技術も開発していたのではないかと考えられる。

インカ帝国

このあとも中央アンデスの海岸地帯と山岳地帯では様々な文化の盛衰があった。そして、一五世紀頃には中央アンデス各地に王国が生まれていた。海岸地帯では、北海岸にチムー王国、南海岸にはイカやチンチャなどの王国があった。また、山岳地帯ではペルー南部高地に後にインカ帝国へと発展するクスコ王国、ティティカカ湖畔ではルパカやコヤなどの諸王国があった。一方、北部高地のように都市国家が成立しないで部族レベルにとどまる多くの民族集団が住んでいるところもあった。

これらの地方国家を統一したのが、ほかならぬインカ帝国であった。一五世紀の初め頃、ペルー・アンデス南部に位置するクスコ盆地だけを支配していたインカ族が急速に勢力を広げ、わずか一〇〇年ほどのあいだに中央アンデス全域を支配下におき、さらに隣接する地域をも征服した。その最盛期には北は現コロンビア南部からエクアドル、ペルー、ボリビアを経てチリ中部に至るまでのアンデスの大半の地域を領土としたのである。

クスコ市内にあるインカ時代の石壁

では、このインカ帝国をささえた農業とはどのようなものだったのだろうか。じつは、インカ帝国もトウモロコシ農耕が生んだと考える人が少なくない。たしかに、インカ帝国は先述したように海岸地帯までを領土としていたので、低地部ではトウモロコシを主食にしていたのかもしれないが、インカ帝国の中

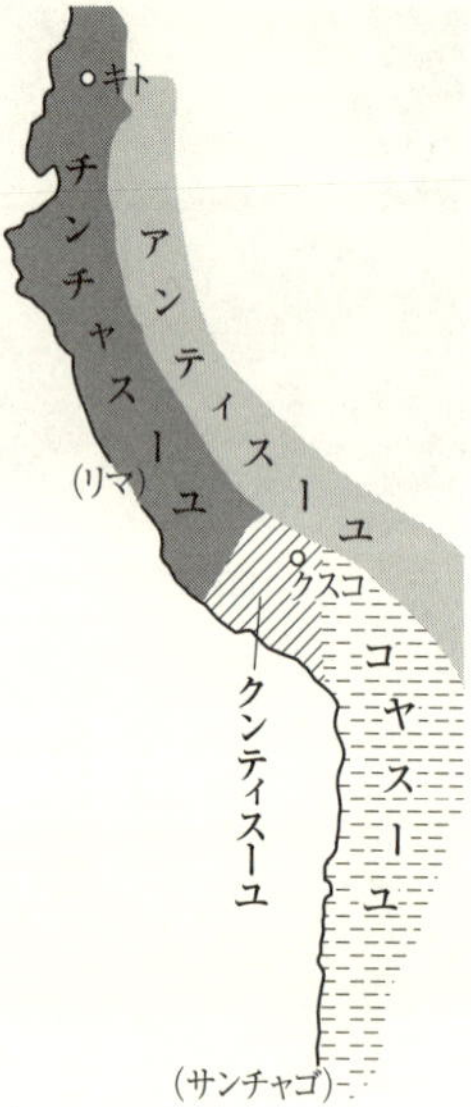

インカ帝国の領土．インカ帝国は正式名をタワンティン・スーユ(4つの地方)とよばれ，4つの地域にわかれていた．

核はアンデスの山岳地帯にあった。首都のクスコも標高三四〇〇メートルのペルー・アンデス山中にあった。また、太平洋岸もすべての地域にインカ帝国の支配が十分におよんでいたわけではなく、ペルー北部海岸などは影響が小さかった。さらに、アンデス山脈の東側もその山麓地帯はアマゾン流域の諸民族が支配する地域であり、彼らのインカ帝国への侵入を阻止するためにアンデス東斜面の各地に砦が築かれていた。たとえば、ボリビア東部にあるインカ・ヤクタもインカ帝国の砦のひとつとみなされているが、それは標高約三〇〇〇メートルのアンデス東斜面に位置している。このようにアンデス文明の最後をかざるインカ帝国の中核地帯は山岳地帯にあり、この意味でインカ帝国は山岳文明といってよさそうである。

　実際に、インカ帝国の人口については諸説あるが、少なく見積もっても一〇〇〇万以上、その三分の二は山岳地帯に住んでいたとされる。そして、首都のクスコは約二〇万の人口を擁し、当時南アメリカ最大の都市であった。そして、大きな人口以上に驚かされることがインカ帝国にはあった。それは、きわめて豊かな食料に恵まれていたらしいことである（図2-3）。そのため、侵略したスペイン人たちは、インカ帝国には物乞いをする者も飢える者もおらず、「一般庶民は自分の家で必要とするものをすべて自分で調達していた」と驚いている。

さて、それでは、インカ帝国の中核となった山岳地帯、とりわけ高地部での主な食糧はトウモロコシだったのだろうか。先にチャビン・デ・ワンタルやティワナクでみたようにジャガイモではなかったのか。この問題に対しては、一六世紀初めにアンデスを侵略し、インカ帝国を征服したスペイン人たちの記録が参考になる。このようなスペイン人の記録文書は一般にクロニカの名前で知られ、これらのクロニカを追ってゆけば、インカ時代の人びとが何を、どのように栽培し、利用していたかを知ることができそうなのである。

図 2-3 インカ時代の倉庫. クスコには食料などが貯蔵されていた倉庫が林立し，食料不足の際には一般庶民にも食料が供給された［Poma 1613］.

ただし、これらの記録を扱うとき、注意しなければならない点が少なくとも二つある。ひとつは、これらの記録はあくまでスペイン人の価値観をとおしてみたものだ、という点である。もうひとつは、彼らの記録には大きな偏りがある点である。スペイン人たちはインカ帝国に大きな関心をもっていたので、彼らの記録はインカ王やその親族に集中しており、一般民衆についての記録が少ない。このような点に注意しながらクロニカの記録を中心としてインカ時代の農耕文化を追ってみよう。

スペイン人を驚嘆させた農耕技術

クロニカをみていると、初めてインカの領土に入ったスペイン人たちを驚嘆させた農耕技術が少なくとも二つあった。ひとつは灌漑であり、もうひとつは階段耕作である。灌漑は海岸地帯で古くから行なわれていたが、階段耕作は山岳地帯に限られ、山岳地帯に多い斜面を階段状にして、そこを耕地とする方法である。階段耕地そのものは世界各地でみられるが、アンデスのそれは精巧につくられ、しかも大規模なものだった。そのため、この階段耕地について記録を残しているスペイン人が少なくない。

たとえば、マティエンソは次のように述べている。

> インガ(インカ王)はローマ人の建設規模をしのぐ用水路や石畳み(の道路)をつくらせたが、標高の高い山岳地帯の石や岩だらけの斜面も播種できるように石を使って階段耕地をつくらせた。こうして、平野部だけではなく、標高の高いところも播種が可能になり、実り豊かな土地になる。
>
> (Matienzo *Gobierno del Perú*)

征服者のフランシスコ・ピサロとともに、インカの首都であるクスコに一五五三年五月に到着した彼の従弟のペドロ・ピサロもクスコ近くの階段耕地について次のように書き記している。

すべての階段畑は、崩れ落ちるおそれのある部分が石で囲ってあり、その高さは一エスタード（約一・九メートル）、またはそれ前後である。そのあるものには、一ブラサ（約一・六七メートル）またはそれ以下の石が間隙をおいて、階段のように配置され、石壁に打ち込まれている。そこを伝って上り下りするのである。これらの階段畑はみなこのようにできている。そこにトウモロコシを播くから、雨が畑をこわさないように、平らにならされた土のおもてを保とうとして、そのように石で土止めしたのである。

（ピサロ「ピルー王国の発見と征服」）

この階段耕地にはしばしば灌漑が施されていた。入念につくられた階段耕地は山岳地域で灌漑を行なう上で重要な役割を果たしたと考えられる。ペドロ・ピサロも指摘しているように、アンデスに多い斜面にあるような耕地では、そこに水を引くことによって土壌が浸食され、とくに肥沃な表面が流出して河川に流れ込んでしまうからである。この問題を解決するためのひ

インカ時代に築かれた階段耕地（ペルー，クスコのマチュピチュ遺跡）

とつの方策として考えられたのが、階段耕地の建設であった。

ちなみに、この水路を引くことに対してインカの人たちは尋常ならざる情熱を注いだようである。インカ時代の建築物は巨石を使って精巧につくられたことで知られるが、この技術が水路づくりにも生かされ、しばしば水路としては驚くほど精巧に、また美しくつくられているのである。このような階段耕地は現在もクスコを中心として各地でみられ、その美しさや精巧さには現代人でも驚かされる。

したがって、インカ帝国を侵略したスペイン人たちが、灌漑をともなった階段耕地に驚嘆したのも当然であろう。そして、このことがインカ帝国はトウモロコシを主作物にしていたという印象を与えたようである。それというのも、階段耕地で栽培されていた作物が主としてトウモロコシであったからだ。そのためか、トウモロコシに関するスペイン人の記録は多く、またトウモロコシの記録を残したスペイン人も多い。

一方、ジャガイモに関するスペイン人の記録は乏しい。これには次のような事情もあったようだ。トウモロコシは、コロンブスが一四九二年に西インド諸島で見て以来、スペイン人にとって馴染みのある作物であったのに対し、ジャガイモは次章でも述べるようにアンデスで初めて見る作物であり、ひょっとすると食べ物とは考えなかったかもしれないものなのである。

二種類の耕地

ジャガイモに関するスペイン人の記録は乏しいものの、注意ぶかく彼らの記録を読めば、インカ帝国の耕地がすべてトウモロコシ用だったわけではなく、ジャガイモなどのイモ類を栽培している耕地もあったことがわかる。この点についてはインカ・ガルシラーソの次の記録が参考になる。インカ・ガルシラーソはスペイン人ではなく、最後のインカ皇女とスペイン人のあいだに生まれた混血であった。インカ帝国の言語であるケチュア語も解し、アンデスの伝統文化にも詳しい人物である。

灌漑されたトウモロコシ畑の他に、水の引かれていない耕地もまた分配され、そこでは乾地農法によって、別の穀物や野菜、例えば、パパ(ジャガイモ)、オカ、アニュス(マシュア)と呼ばれる、非常に重要な作物の種が播かれた。(インカ・ガルシラーソ『インカ皇統記』)

つまり、インカ・ガルシラーソによれば、インカ時代の耕地には二種類あった。すなわち、灌漑を施した畑と無灌漑の畑である。そして、基本的に前者はトウモロコシ用の耕地であり、後者はジャガイモやオカ、マシュアなどのイモ類の耕地であった。実際に、スペイン人たちに強烈な印象を残した階段耕地は標高三〇〇〇メートル以下でしか見られないが、それより高地部にも畑はあり、それは基本的にジャガイモやオカ、マシュアなどのイモ類の耕地なのである。

こうしてクロニカを追ってゆくと、トウモロコシとジャガイモなどのイモ類の栽培には様々なちがいがあったようである。それをもう少し追ってみよう。インカ・ガルシラーソによれば、これら二つの作物のあいだでは次のように耕地の使用法も異なっていた。

(水の引かれていない)土地は水不足ゆえに生産性が低いので、一、二年耕しただけでこれを休ませ、今度はまた別の土地を分配する、ということが繰り返された。このように彼らは、循環的に使用することによって絶えず豊富な収穫が得られるよう、やせ地を見事に管理運営していたのである。

(同前掲書)

すなわち、この記録によれば、灌漑を施していないジャガイモの畑は、一、二年使っただけで休閑するというのである。他方、トウモロコシ用の畑は次の記録のように連作していたようだ。

一方、トウモロコシ畑には毎年種が播かれた。そこは果樹園のように、水と肥料に恵まれていたので、豊作が約束されていたからである。（同前掲書）

この記述からは、トウモロコシが連作できるのは、その畑が水と肥料に恵まれていたからだという。この肥料とは、クロニカによれば魚や海鳥の糞などが使われていたが、山岳地帯では人糞が使われていた。一方、ジャガイモなどのイモ類栽培のための肥料には家畜の糞が使われていた。この点についてもインカ・ガルシラーソの次の記録が参考になる。

……寒さのためにトウモロコシの育たないコリャオ地方では、一五〇レグワ（一レグワは約五・六キロメートル）以上の全域にわたって、人びとはジャガイモやその他の野菜に家畜の糞を施し、それが他のいかなる肥料よりも有効だと言っていた。（同前掲書）

ここで述べられているコリャオ地方とは、ティティカカ湖畔のことである。ここはインカ時代においてもリャマやアルパカなどのラクダ科動物が数多く飼われていたことが知られているので、肥料には不自由しなかったと考えられる。

このようにトウモロコシとジャガイモでは、それが栽培される耕地だけではなく、肥料もちがっていたのである。さらに、トウモロコシとジャガイモなどのイモ類とでは、耕作に使われる農具もちがっていたようだ。海岸地帯のトウモロコシ耕地では主として鋤《すき》が使われていたようであるが、高地部のジャガイモなどのイモ類の耕地ではインカ時代になって新しい農具が登場してくる。それが踏み鋤である。インカ時代の踏み鋤についてはインカ・ガルシラーソが次のような貴重な記録を残してくれている。

彼らは長さ一尋《ひろ》(約一・七メートル)ほどの棒を鋤として用いた。前面が平らで裏側は丸くなっているこの鋤の幅は、指幅四つほどであった。そして、一方の先端を、土にささるように尖らせ、先端から半バーラ(一バーラは八三・六センチメートル)のところに、二本の小さな棒切れをしっかり縛りつけて、足掛けとした。インディオたちはそこに足を掛け、激しい勢いで力いっぱい鋤を打ち込むのである。

(同前掲書)

この踏み鋤はインカ帝国では中心的な農具になっていたようで、象形土器に象られる農具は踏み鋤だけであり、また踏み鋤を象ったインカ時代の象形土器も少なくない。インカ時代の人びとの暮らしを描いたワマン・ポマも踏み鋤を使った農作業の光景をいくつも図に残している。たとえば本章の扉の図はワマン・ポマによる踏み鋤を使ったイモ類の植えつけの光景である。この図では踏み鋤で穴をあけ、そこにイモを植えつけている。また、ジャガイモの収穫作業に踏み鋤を使う図もワマン・ポマは描いている。インカ時代、アメリカ大陸では、踏み鋤のほかに、掘棒、鍬《くわ》、鋤などの農具も使われていたが、そのなかで最も発達した農具が踏み鋤であり、それは主としてジャガイモ栽培に使われていたのである。

このようにクロニカを注意深く読めば、トウモロコシだけでなく、ジャガイモも、その栽培の方法は大きな発展をとげていたことがわかる。

ここで興味深いことは、インカ帝国ではトウモロコシもジャガイモもどちらも主作物として、アンデスの大きな高度差を利用して栽培していたことだ。じつは、この伝統は現在もうけつがれ、アンデス農民のなかにはトウモロコシもジャガイモも栽培している者が少なくないのである。

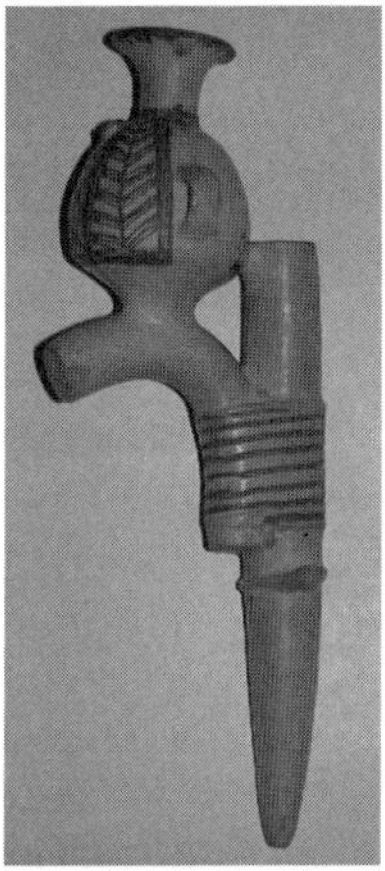

踏み鋤を象ったインカ時代の土器(ペルー，ラルコ・エレラ博物館所蔵)

「主食はジャガイモ」

それでは、主としてアンデスの山岳地帯で暮らしていたインカ帝国の住民はトウモロコシとジャガイモのどちらを主食にしていたのであろうか。この問題についてもクロニカ資料が参考になる。そのひとつを紹介しよう。スペイン軍と一緒にアンデスを南下してきた一兵士シエサ・デ・レオンの記録である。彼はティティカカ湖畔のコリャオ地方を訪れ、「コリャス（コリャオ）という名のこの土地は、わたしの見るかぎり、ペルー最大の地方で、また、人口の最も稠密《ちゅうみつ》な所である」と述べたうえで、そこに住む住民の暮らしや食料について次のように記している。

住民たちは家をそれぞれぴったり寄せ合って密集した村を形成している。彼らの家はさほど大きくはなく、すべて石造りで、屋根は瓦の代わりに、彼らがいつも利用しているワラで葺かれている。昔、コリャスの住む地域にはくまなく、人々が大勢住んでおり、ここには大きな村がいくつかあり、ことごとく隣接していた。現在、インディオたちは村のまわりに畑を耕し、そこで食用の穀物を栽培している。彼らの主食はジャガイモである。それは、（中略）地中にできる松露《しょうろ》（キノコ）のようなもので、彼らはそれを天日にさらし、次の収穫まで保存する。そして、乾燥したあとのジャガイモのことを、彼らはチュノ（チューニョ)と呼んでいる。これは、彼らの間で大切に扱われ、とても貴重なものとされている。と言うのも、この地方には、この王国の他の地方とは異なり、畑を灌漑する水がないからである。この乾燥させたジャガイモの食糧がないと、飢えに苦しめられ難渋し、苦労する。

(シエサ・デ・レオン『激動期アンデスを旅して』)

このように、シエサ・デ・レオンは「彼らの主食はジャガイモである」とはっきり述べている。ちなみに、彼は有名な『インカ帝国史』を書き上げた人物である。

アンデス高地住民の主食がジャガイモであるという指摘は他のクロニカにもみられ、スペイン人のアコスタ神父も次のように述べている。

……新大陸の他の地方、たとえばピルー(ペルーのこと)の山地の高い地域とか、ピルー王国の大きな部分を占める、コリャオという地方(ティティカカ湖畔の高原)などでも、小麦や玉蜀黍を育てることはできず、そのかわり、インディオは、パパ(ジャガイモ)という別種の根菜を用いる。これは松露のようなもので、上にむかって、小さな葉を出す。このパパを収穫すると、日光でよく乾かし、砕いてチューニョというものをつくる。これは、そのまま何日も保存され、パンの役目を果たす。

(アコスタ『新大陸自然文化誌』)

図2-4　インカ王のための畑で耕作をする人たちにチチャ酒がふるまわれている［Poma 1613］

これらの記述からみて、ティティカカ湖畔のような寒冷高地での主食はジャガイモであったと判断してよさそうである。さらに、これらの記述で注目すべきことがある。それは、二人ともチューニョの重要性を指摘していることである。シエサは、チューニョがないと「飢えに苦しめられ難渋し、苦労する」と述べ、アコスタも「これは、そのまま何日も保存され、パンの役目を果たす」と記述している。

これらの記述は、チューニョがジャガイモの貯蔵食品として大きな役割を果たしていたことを物語る。これは、先述したようにジャガイモが長期の保存がむずかしいことを考えたとき、特記すべきことである。世界的にみても、イモ類を長期に保存できるように加工する技術は、アンデス以外ではほとんど開発されていないからである。

ところで、もうひとつの主作物であるトウモロコシは、何のために栽培されていたのだろうか。どうも、それは主として酒を造るための材料だったようである。この酒は、一般にチチャの名前で知られているが、このチチャ酒がインカ帝国では大量に消費されていたのである。国家宗教である太陽信仰のための祭り、「太陽の祭典」ではもちろんのこと、インカ軍の兵士やインカ王のための畑の耕作をするインディオにもチチャ酒がふるまわれた（図2-4）。

もちろん、トウモロコシも食べられなかったわけではない。とくに、インカ王や貴族はトウモロコシをさかんに食べていたようだ。しかし、クロニカでもトウモロコシは食糧としてよりも、むしろ酒の材料として欠かせないものであったことをうかがわせる記録が多く、チチャ酒について記録を残しているスペイン人が少なくない。

したがって、インカ帝国では、主食としてのジャガイモ、儀礼的な作物としてのトウモロコシという位置づけができそうだ。

インカ帝国とジャガイモ

こうしてみてくると、インカ帝国をささえた食糧基盤はジャガイモであったと考えてよさそうである。しかし、このように述べると必ず反論が生まれる。「イモで高度な文明が生まれるはずがない」という反論もそのひとつだ。

たしかに、文明成立の食糧基盤としてイモ類は穀類に劣る点がある。その最大のものは、先述したように穀類の貯蔵が容易であるのに対して、イモ類は水分を多く含んでいるため腐りやすく貯蔵しにくいことだ。また、イモ類は穀類にくらべて重く輸送にも不便である。これらの

ジャガイモを象った土器. インカ時代の前のチムー文化のもの(ペルー・天野博物館所蔵).

欠点のために、イモ類は文明成立の食糧基盤とは考えられないのであろう。

しかし、これはアンデスの特異性を無視した、あまりにも一般化しすぎた議論である。くりかえすことになるが、アンデスにはジャガイモを乾燥したチューニョがあり、これは長期保存に耐えるだけでなく、軽くて輸送にも便利な加工食品なのである。また、ジャガイモは小麦や大麦などとくらべて生産性がはるかに高い作物であることも注目されてよい。そのため、後述するようにジャガイモによって小麦や大麦が主作物の座を追われたところも少なくないのである。

さらに、インカ帝国のジャガイモ栽培の技術は、当時としてはきわめて優れたものであった。まず、インカ・ガルシラーソも述べていたように、ジャガイモの耕地は休閑システムをとっていた。これには地力の疲弊を防ぐとともに、病気の発生をおさえる効果もある。そして、家畜の糞を肥料としていたことも生産性の向上に大きな役割を果たしていた。もうひとつ、農具の発達も指摘しておかなければならない。ジャガイモ栽培には踏み鋤が不可欠であったと述べたが、この踏み鋤は当時のアメリカ大陸で最も発達した農具であり、それを物語るように現在も中央アンデス高地では広く使われているのである。

クロニカでは明らかではないが、インカ時代にはジャガイモに様々な品種が生み出されていたことを物語るものがある。それはジャガイモを象った土器の存在である。この土器をみれば、現在アンデスで栽培されている品種の大半がインカ時代にはすでに存在していたことがわかる。

こうしてみてくると、アンデス高地の住民は何千年もかけて様々なジャガイモ品種を生みだし、その栽培技術や農具、さらに加工技術も開発してきた。そしてそのことによって、世界でもほとんど例をみないほどの高地でインカ帝国は成立したと考えられるのである。

第3章

「悪魔の植物」，ヨーロッパへ

——飢饉と戦争——

故ケネディ大統領のレリーフ．1963年に曽祖父の地アイルランドを訪れた彼を記念して建てられた．アイルランド，ゴールウェイにて．

ジャガイモの「発見」

よく知られているように、インカ帝国はフランシスコ・ピサロに引きつれられたスペイン人たちによって征服された。一五三二年のことである。このあともインカ軍は抵抗をくりかえし、それは一五七一年までの三五年間にわたってつづいた。さらに、スペイン人征服者の間の対立と武力衝突もつづいた。

やがて征服者のフランシスコ・ピサロは暗殺され、その弟のゴンサーロ・ピサロがペルー全土を制圧した。しかし、ペルーの内乱状態はその後もつづき、都市も農村も破壊され、豊かだったアンデス社会は悲惨な状態に追いこまれた。このような混乱状態を収拾するために、スペイン王室はゴンサーロ追討の軍を派遣した。この軍にいたのがシエサ・デ・レオンである。彼は一五三五年に南アメリカ大陸に渡り、最初はコロンビアに滞在していたが、後にゴンサーロ追討のスペイン軍に参加して南下、ペルーにも足をのばした。このとき、現在のエクアドルの首都であるキト付近で次のような記録を書き残している。

トウモロコシ以外の土地の食料としては、インディオの間で主食になっているものがふたつある。そのひとつは、パパというもので、松露に似ている。ゆでると、肉がとても柔らかくなって、ゆで栗のようになる。殻や核がないのは松露の場合と同じで、これは、松露同様、地面の下に育つからである。
（シエサ・デ・レオン『インカ帝国史』）

ここで述べられているパパこそは、ジャガイモのことであり、現在もパパはアンデスで広くジャガイモを指す言葉として使われている。この記録が書かれたのは一五五三年のことであり、シエサ・デ・レオンはヨーロッパ人によるジャガイモについての最初の記録者として知られている。当時までジャガイモはアンデス以外ではまったく知られていなかったので、これがヨーロッパ人によるジャガイモの「発見」であった。実際、この記録でシエサ・デ・レオンは、ジャガイモをキノコの一種の松露のようなものとして記述しているが、この表現にもはじめて見る作物に対する驚きが示されている。このようにジャガイモを「松露のようなもの」という表現をしたのはシエサ・デ・レオンだけでなく、第2章で引用したようにアコスタ神父もそうであった。

いつヨーロッパに渡ったのか

さて、ジャガイモはいつ頃、アンデスからヨーロッパにもたらされたのか。じつは、これは難問である。アメリカ大陸のもうひとつの主作物であるトウモロコシは、大西洋を初めて渡ったコロンブス自身が目にしているし、その翌年にはスペインに持ち帰ったことが記録に残されているが、ジャガイモはなかなか記録に姿をあらわさないからである。先述したように、インカ帝国がスペイン人たちによって征服されたのは一五三二年のことであるが、その当時の記録にはジャガイモは姿を見せない。これは、トウモロコシがコロンブス一行によってすぐに持ち帰られたのとは対照的である。その背景には、スペイン人たちがもともと麦類を主作物とし、同じ穀類であるトウモロコシには違和感をもたなかったせいなのかもしれない。

一方、ジャガイモなどのイモ類は当時のヨーロッパには存在しないものだったので、これを初めて見たヨーロッパ人たちは食べ物と考えなかった可能性があり、それゆえにジャガイモに関心をもたなかったのではないかと考えられる。

このような状況のなかで、シエサ・デ・レオンは例外であったようだ。シエサ・デ・レオンはアンデスを南下する前にコロンビアに一三年間も滞在していたので、あちこちでジャガイモを目にし、それを食用にしている人たちを見ていた可能性が大きいのである。

ヨーロッパでジャガイモに関する最初の記録があらわれてくるのはスペインであった。その時期については諸説あるが、様々なヨーロッパ人の記録などから一五六五年から一五七二年のあいだだという。つまり、一五七〇年前後にジャガイモはスペインにもたらされていたと考え

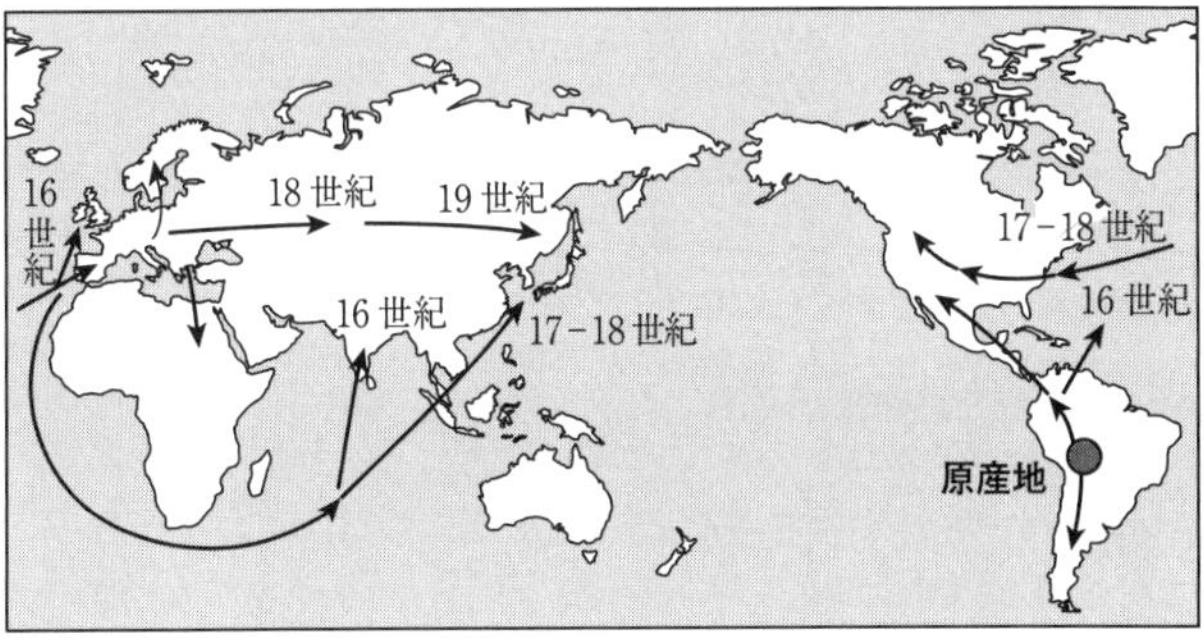

ジャガイモの伝播ルート．［星川 1978］を一部改変．

られる。そして、スペインではセビリアの病院で一五七三年にジャガイモが食べ物として供されていたことにより、この年からジャガイモ栽培が始まったとされる。

しかし、その収量はきわめて低いものだったようだ。もともとジャガイモは中央アンデスのような緯度の低い短日（日長＝日照時間が短くなること）条件下ではイモを形成するが、スペインのような高緯度地方の長日条件下ではイモの形成がむずかしい。そのせいか、スペインでは一部地方でジャガイモの栽培が始まったものの、その普及は遅々として進まなかった。むしろ、ジャガイモにとってのスペインの役割は、他の国への橋渡し役を果たしたという点で特筆すべきである。実際に、ジャガイモはスペインからフランスやイギリス、そしてドイツなどのヨーロッパ北部に広がっていった。

ちなみに、やはりアメリカ大陸から導入されたトウモロコシは、ジャガイモとは対照的にイタリアやギリシャ、ユーゴスラビアなどのヨーロッパ南部に広がっていった。ジャガイモが冷涼な気候に適しているのに対し、トウモロコシは温暖な気候に適していたからである。とにかく、ヨーロッパはアメリカ大陸からジャガイモとトウモロコシという新しい食糧源を得たことによって大幅な人口増が可能となり、それは歴史を変えたといっても過言ではないほどである。ただし、そこに至る道は紆余曲折があり、とりわけジャガイモは数奇な運命をたどることになるのである。

フランスへ

フランスはスペインの北に隣接する国であるため、ジャガイモはおそらくスペインからフランスに直接伝えられたのであろう。その時期も比較的早く、一六〇〇年にオリヴィエ・ド・セールによって書かれた『農業の概観と耕地の管理』という本の中に、ジャガイモについての記述が見られるという。ただし、私は原著には直接目をとおすことができなかった。そこで、ここではラウファー博士によって書かれた労作『ジャガイモ伝播考』に引用された文を紹介する。その記述は次のようなものであった。

この植物は小灌木で、カルトゥフルという。その果実は、やはり同じ名称でカルトゥフルと呼ばれるが、トリュフに似た実を結ぶので、そのトリュフという名称で呼ぶ人もいる。

それがスイスから(フランスの)ドフィーネ地方にもたらされたのは、つい最近のことである。この植物は、一年生植物であるから、毎年植え直す必要がある。繁殖は種子、すなわち、果実それ自体を植えることから始まる。

(Serres, Olivier De. *Théatre d'Agriculture et Mesnages des Champs*)

図 3-1　17 世紀にヨーロッパ人によって描かれたジャガイモ．まだキノコの一種として描かれている［F. Van Sterbecck *Theatrum Fungorum* 1675］．

この記述でも、ジャガイモがキノコの一種のトリュフに似ているため、トリュフと呼ぶ人もいると書かれているが、このような見方はその後も長くつづき、一六七五年に描かれた図でもジャガイモはまだキノコの一種と考えられていた(図3-1)。このようにジャガイモはまだ十分に理解されておらず、それが偏見を生んだ。たとえば、植物学者のC・ボーアンは一六七一年にジャガイモについて次のような記録を残している。なお、これも『ジャガイモ伝播考』からの引用による。

我々の国では、ポテトの塊茎は、トリュフと同様に、おき火に入れて焼き、皮をむいてコショウをつけて食べることもあれば、また、焼いて皮をむいてから薄切りにしたのを、濃厚なペパー・ソースで煮込んで、体力をつけるのに食べることもある。その他、虚弱体質にもってこいだというわけで、健康食品として推奨するものもいる。それらは、クリやニンジンに劣らず、滋養に富むが、鼓腸性で腹にガスがたまる。私の聞いているところでは、ブルゴーニュの人々は、現在、この塊茎の利用を止めてしまった。そのわけは、これを食べると癩病《らいびょう》になると信じ込んでいるからである。

(Bauhin, C. *Prodromos Theatri Botanici*)

これが書かれた一七世紀にはジャガイモ栽培はフランシュ＝コンテ、ロレーヌ、ブルゴーニュ、さらにリヨンを中心とするリヨネ地方などに広まっていたが、決して人気のある食べ物とはいえなかった。その背景には、ジャガイモを食べると「腹にガスがたまる」とか、「癩病になる」などの偏見があったからであろう。

それでもジャガイモ栽培は徐々にフランス各地に広がり、先述の『ジャガイモ伝播考』によれば、一六六五年にはパリにも初めて姿をあらわした。ただし、それから一〇〇年あまりたった一七八二年でさえ、ルグラン・ドシーは「それ(ジャガイモ)はパリでは無名ではないけれども、もっぱら下層階級の人々の食物であり、一定の社会的地位のある人々はそれが食卓にのっているのを見ると、自らの権威が損なわれたと考える」と述べている。

このようなジャガイモに対する偏見も年月をへるにつれて次第に消えてゆく。その転換点となったのが飢饉であった。ヨーロッパのなかでは比較的気候にめぐまれていたフランスでさえ、一八世紀になっても一六回もの飢饉にみまわれていた。とくに、一七七〇年の飢饉はひどく、そのとき大きな役割を果たしたのが、ほかならぬジャガイモであった。ジャガイモによって数多くの人の命が救われたのである。

このことがきっかけとなって、ひとりの研究者がジャガイモ栽培の普及のために立ち上がった。著名な農学者であり、化学者でもあったアントワーヌ・オギュスタン・パルマンティエ（一七三七～一八一八年）である。彼は、七年戦争のときにドイツで捕虜となったが、そのときジャガイモを食事として与えられていたことでヒントを得て、フランスに帰国した後、ルイ一六世の庇護のもとにジャガイモ栽培の普及をはかったのである。

その普及の方法のひとつとして有名になったエピソードがある。それは、パルマンティエがジャガイモ畑に見張りをつけていたというものである。これを見た人は、きっとジャガイモは貴重なものであると思うにちがいない――そう考えたパルマンティエは夜になると畑から見張り役を立ちのかせ、わざとジャガイモを盗ませるようにしたというのである。ただし、この話の真相は明らかではない。彼がジャガイモ栽培の普及に成功したことを美化するための逸話にすぎないかもしれない。

パリの地下鉄駅に立つパルマンティエの像．農民にジャガイモを手渡している（山本奈朱香氏撮影）．

とにかく、パルマンティエはジャガイモが人間の食べ物として不適であるとか、下層階級のものであるという偏見を打破したことは間違いない。その功績をたたえて、現在パリの地下鉄にはパルマンティエ駅があるし、そこにはパルマンティエが農民にジャガイモを手渡している像も立っている。

このようなこともあり、一九世紀になるとフランスのジャガイモ栽培は、年々、拡大していった。栽培面積でいうと、一七八九年には四五〇〇ヘクタールであったのが、それから約一〇〇年後の一八九二年には三〇〇倍以上の一五一万二一六三ヘクタールにまで拡大したのである。

戦争とともに拡大したジャガイモ栽培――ドイツ

飢饉とともに、もうひとつジャガイモがヨーロッパに普及するようになった社会的状況があった。当時、ヨーロッパ北部での主作物は小麦やライ麦などであったが、これらの穀物は収量が低く、そのせいで飢饉が頻発していた。そのため、ヨーロッパ各国は領土の拡大をはかるため、戦争をくりかえしていた。その結果、兵士が麦畑を踏み荒らしたり、収穫した貯蔵庫の麦をしばしば略奪していた。このような状況のなかで、ジャガイモは戦争の被害が比較的小さかったのである。ジャガイモは畑が少々踏み荒らされても収穫できたし、また畑を貯蔵庫がわりにして必要なときに収穫することもできたからだ。しかも、ジャガイモは小麦などより何倍も大きな収穫があった。

こうしてヨーロッパでは、戦争がくりかえされるたびにジャガイモが普及してゆく。その発端になったのが一六八〇年代のルイ一四世によるベルギー占領のときであった。そして、そこからジャガイモはドイツやポーランドに広がってゆく。とくにドイツの南西部地方ではスペイン継承戦争(一七〇一〜一四年)のときにジャガイモが重要な作物になった。さらに、七年戦争(一七五六〜六三年)のときにジャガイモは東の方にも広がり、プロイセンやポーランドでも栽培されるようになった。ナポレオン戦争(一七九五〜一八一四年)のときにはジャガイモ栽培はロシアにまで拡大したし、ヨーロッパ北部でのジャガイモ栽培もいよいよ盛んになった。

ここではドイツに焦点をあてて、もう少し詳しくジャガイモ栽培の普及の様子とその影響について見ておこう。ジャガイモといえばドイツを連想する人が少なくないし、それほどジャガイモはドイツの食生活に深く浸透しているからである。

ドイツにはジャガイモは一六世紀の末に伝えられたが、やはり当初は食べ物としてではなく、珍奇な植物として薬草園などで栽培されていた。そのような状況を決定的に変えたものが、先述した飢饉と戦争であった。とくに悲惨な三十年戦争(一六一八〜四八年)がドイツにおけるジャガイモ栽培の発展に大きく貢献したのだ。その後、ジャガイモ栽培の普及に貢献した人物として知られているのがプロイセンのフリードリヒ大王である。彼は、偏見からジャガイモを食べようとしなかった農民にジャガイモ栽培を強制し、飢えから人びとを救ったといわれている。いわゆる「フリードリヒ大王伝説」である。この伝説の真偽は明らかでないものの、その後の七年戦争と一七七〇年におこった飢饉のときにジャガイモ栽培の利点は明らかになった。このときまでジャガイモはドイツではもっぱら家畜の飼料として使われていたが、人間の食料として見直されたのだ。

ちなみに、生涯を戦争に明け暮れたフリードリヒ大王の最後の戦争は、一七七八年のバイエルンの王位継承をめぐるオーストリアとの対立であったが、この戦争は「カルトフェルクリーク」、つまり「ジャガイモ戦争」として知られている。両国の軍が互いに敵国のジャガイモ畑を徹底的に荒らしたせいだとも、戦闘があまり行なわれず暇をもてあました兵士がジャガイモ栽培に精を出したためだともいわれている。

こうしてドイツでは一八世紀末から本格的にジャガイモ栽培が始まった。ただし、その浸透度は地域によって大きな違いがあった。山がちで土地がやせているような地域ではジャガイモ栽培が定着していったが、温暖で穀物が生産できるような地域ではジャガイモ栽培は浸透しなかったのである。もともとジャガイモは、寒冷なアンデスの山岳地域で生まれた作物であり、その特性がヨーロッパでもいかんなく発揮されたのだ。しかも、このような地域では、ソバや雑穀などが山間の狭い農地で栽培され、農民は貧しい生活を余儀なくされていたので、彼らにとってジャガイモはうってつけの作物だったのである。

このようにドイツでのジャガイモ栽培は、一七世紀末から一八世紀にかけては一部地域に限られていた。その背景にもジャガイモに対する根強い偏見があった。とくにジャガイモには毒があるという説が広く信じられていた。たしかに、ジャガイモの芽の部分には有毒物質のソラニンが多量に含まれているので、それを知らずに食べて腹痛をおこしたり、食中毒になった人がいたのかもしれない。さらに、ジャガイモには催淫性、つまり性欲を亢進させる働きがあるという説もあった。こうしてジャガイモは常に劣等植物であるというイメージがついてまわった。その結果、大部分の地域でジャガイモは一八世紀中頃になっても家畜の飼料か、せいぜい貧民の救荒作物という域を出なかったのである。

飢饉が転機に

このような動向の転換点となったのが、フランスの項でも述べたように一七七〇年代初頭におこった大飢饉であった。この時の飢饉は厳しい冬が長くつづいたこと、そして夏に長雨がつづいたことによってもたらされたが、それは穀物生産に壊滅的な被害をもたらした。一方、ジャガイモが栽培されていた地域では、この飢饉の影響をほとんどうけなかった。こうしてジャガイモの有用性があらためて認識され、一八世紀末頃からジャガイモ栽培がドイツ各地で急速に広がっていったのである。さらに、ジャガイモの生産性の高さや耐寒性、栄養価の高さなども広く知られるようになり、その後、栽培面積は順調に拡大していった。そして、単位面積あたりの人口扶養力の大きいジャガイモは、一九世紀前半のドイツにおける人口の急増をささえ、一般民衆の食生活にも定着していったのである。

その状態を具体的に一般庶民の食事でみてみよう。じつのところ、一般庶民の食事の内容を知ることは容易ではないが、病院や救貧院などの施設では給食が支給されていたため、ある程度の内容を知ることができるのだ。たとえば、一七八五年のドイツ北西部に位置するブレーメンの貧民施設での一週間の食事をみると、昼食はほとんど毎日がバター付き黒パンであり、夕食は粗びきソバのカユおよびバター付き黒パンで、ジャガイモは日曜日の昼食に一回でてくるだけであった。なお、この記録では朝食についての記載がない。

この状態が、一九世紀の半ばになると一変する。表3-1は、ブレーメンとベルリンのほぼ中央部に位置するブラウンシュヴァイクの貧民施設での一八四二年の食事の内容を示したもの

表3-1　ブラウンシュヴァイクの貧民施設での食事(1842年)
1回1人あたりの量

	昼　食		夕　食	
日曜日	ジャガイモ	1000 g	黒パン	346 g
	白インゲン豆	130 g	バター	15 g
			脱脂ミルク	0.3 ℓ
月曜日	ジャガイモ	1000 g	黒パン	346 g
	ひきわり大麦	130 g	バター	15 g
			脱脂ミルク	0.3 ℓ
火曜日	ジャガイモ	1000 g	ジャガイモスープ	1000 g
	ニンジン	150 g	バター	15 g
			脱脂ミルク	0.3 ℓ
水曜日	ジャガイモ	1000 g	黒パン	346 g
	レンズ豆	130 g	バター	15 g
			脱脂ミルク	0.3 ℓ
木曜日	ジャガイモ	1000 g	よく煮たジャガイモ	1000 g
	エンドウ豆	130 g	バター	15 g
			脱脂ミルク	0.3 ℓ
金曜日	ジャガイモ	1000 g	よく煮たジャガイモ	1000 g
	スウェーデンカブ	150 g	オートミール	20 g
			バター	15 g
			脱脂ミルク	0.3 ℓ
土曜日	ジャガイモ	1000 g	黒パン	346 g
	白インゲン豆	130 g	バター	15 g
			脱脂ミルク	0.3 ℓ

[H. J. Teuteberg & G. Wiegelmann 1972]

であるが(これも朝食の記録はない)、ここではジャガイモが毎日登場している。しかも、ジャガイモは一回一人あたり一〇〇〇グラムと多く、それを昼も夜も食べている日さえある。つまり、一八世紀末から一九世紀半ばまでに、食事の中心は穀物のカユからジャガイモに大きく転換したことがわかるのである。

実際に、一八五〇年ころのドイツにおける

アムステルダムの市場で売られている多様なジャガイモ品種

年間一人あたりのジャガイモ消費量は約一二〇キログラムであったが、それが一八七〇年代後半になると二〇〇キログラム近くになる。さらに一八九〇年代から九〇年前後には、二五〇キログラムから三〇〇キログラムにまで達した。こうして、ジャガイモは二〇世紀に入るとドイツ人にとって「国民食」といえるほどに重要な役割を果たすようになるのである。

　ドイツの隣国であるオランダでも一九世紀にはジャガイモが一般庶民のあいだですっかり定着していた。それをよく物語るものがある。ファン＝ゴッホが一八八五年に描いた有名な大作、「ジャガイモを食べる人たち」の絵だ。口絵に示したように、この絵はジャガイモを掘り起こした手で皿の上に山盛りにされているイモを食べている農民の家族を描いたものである。この絵についてゴッホは、弟のテオに宛てた手紙の中で次のように述べている。

　僕は、ランプの灯のもとでバレイショを食べている、こういう人たちは、皿を取るのと同じその手で、大地を掘ったのだ、ということを強調しようとしたのだ。つまり、この絵は、「手仕事」ということを語っているのだ。そして彼らが、いかに正直に、みずからの糧をかちえたか、ということを語っているのだ。
（ゴッホ『ゴッホの手紙』）

ちなみに、オランダでは現在もジャガイモがきわめて重要な食料となっており、ひとりあたりの年間の消費量は九〇キログラムを超え、ドイツの七三キログラムをしのいでいる。それを物語るように、アムステルダムのスーパーマーケットなどに行くと、ジャガイモだけで大きな棚の一角を占め、そこでは十数種類ものジャガイモが売られている光景をみることができる。

「危険な植物」から主食へ――イギリス

ジャガイモが初めてイギリスに姿をあらわしたのは一六世紀末頃らしい。その最初の記録は本草学者のジョン・ジェラードが書いた『本草書、あるいは一般植物誌』（一五九七年）である。この本の口絵には花をもつジェラードの肖像画が描かれており、その花はたしかにジャガイモのそれである（図3-2）。また、ジャガイモの図や記載も正確に記されている。

（ジャガイモの根は）太く、ずんぐりした、こぶ状。形、色、味は普通のポテト（サツマイモ）とそんなに違わない。ただ、この根は、あまりでっかくもなく長くもない。ボールのようなものもあれば、楕円形すなわち卵形のものもあり、長いものもあれば短いものもある。そのこぶ状の根は、無数の糸状繊維で茎に繋がっている。

(Gerard. J. *The Herball; or, General Historie of Plantes*)

図 3-2　ジャガイモの花を手にするジェラードの肖像画(『本草書，あるいは一般植物誌』1597 年版より)

では、このジャガイモはどこから誰によってもたらされたのだろうか。これについては諸説があり、今もって明らかではない。明らかなことは、一六世紀後半から一七世紀前半にかけて、ジャガイモはすでにイギリスではよく知られた作物であったが、人気があったとはいえず、また普及もしていなかったことである。普及どころか、大衆も学識者も「ジャガイモは危険な植物中の危険な植物」として弾劾し、聖者も罪人も等しく避けるべきものとされた。

こうしてイギリスでもジャガイモの普及には時間がかかった。この経緯を次のH・フィリップスの記録がよく伝えている。

ポテト(ジャガイモ)は、一般に利用されるまでに長い時間がかかった。というのは、食物に適さないと見なす者もいれば、有毒と考える者もいたからだ。今日、この野菜は大地が産する最大の恵みである。粉に挽くのに水車は要らず、焼いて食べるのにオーブンは要らず、四季を通じて美味しく、健康によい食べ物であり、また、高価なあるいは有害な調味料の助けを借りずにすむ。しかし、下層階級の人々は、この貴重な根菜を受け入れた最後の人々であった。無知な人々には、それほど、偏見を克服するのが難しかったのである。ポテトに対して、偏見を持つ人が多かったのは、それがナス科の植物、すなわち、有毒なイヌホウズキの一種に属するので、催眠性があると考えられたからであった。

(Philips, H. *History of Cultivated Vegetables*)

栽培方法に関する知識が欠如していたり、調理法がわからなかったため、不評を買ったところもあった。また、スコットランドのようにジャガイモは聖書に出てこないという宗教的な偏見で普及が遅れたところもあった。このようにイギリスにおけるジャガイモ栽培の普及は遅々としていたが、一八四〇年頃までにはジャガイモはイギリス人の食生活に定着していた。これは海ひとつ隔てたアイルランドの影響が大きかったのかもしれない。後述するように、アイルランドでは早くからジャガイモが食べ物として受け入れられ、一九世紀には主食といっても過言でないほどの位置を占めていたのである。一七一〇年からイギリスで三度目の国勢調査が行なわれた一八二一年までにイギリスの人口はおおよそ一〇〇％増加したが、アイルランドのそれは一六六％強の増加をみた。そして、それは、安価で大量に供給できるジャガイモのおかげだったのである。

フィッシュ・アンド・チップスの登場

ジャガイモがイギリス人の食生活に定着したとはいうものの、それは依然として「貧民の食べ物」あるいは労働者階級の食べ物でありつづけた。イギリス本来の食べ物とは、まずは何といっても肉であり、それには小麦で焼いたパンがつきものだった。しかし、肉は高価であり、また小麦のパンも比較的高価であったのでジャガイモで補わなければならなかったのである。こうして一八六〇年代にはジャガイモと魚が労働者階級の食べ物を象徴する存在となった。このため、一八六一年ころのロンドンの街頭では「ホット・ポテト」を売る店が多数登場してくる(図3-3)。

ホット・ポテトというと、蒸したジャガイモを想いうかべるかもしれないが、これは焼いたジャガイモ、すなわち「焼きジャガイモ」のことである。このジャガイモはパン屋に行って焼いてもらう。ブリキ製の大きな平鍋に入れて焼くが、焼きあがるまでに一時間半かかる。この焼きジャガイモを売る街頭商人については、著述家のメイヒューが貴重な記録を残しているので、それを紹介しておこう。

焼きあがった芋は一ヤード(約九一・四センチ)半の緑色の毛織物《ベース》に包んで冷めないようにして、カゴに入れて持ち帰る。それから、呼売商人は半蓋のついたブリキの容器にその芋を入れる。四本足の容器には大きな取っ手がついている。また、芋を入れてある容器の下の部分には鉄の火壺がぶらさがっている。火壺の上には湯沸し器があり、容器の中に収まっていて見えないが、ジャガイモを常に温めている。その容器の外側は、片方にはバターと塩を入れておくための小さな隔室があり、もう一方には新しい炭をいれておく同様の小さな隔室がついている。湯沸しの上の、蓋の横の部分からは水蒸気を放出する小さな管が出ている。(中略)ジャガイモ売りは、この屋台をたいへんな誇りとしている。

(メイヒュー『ロンドン路地裏の生活誌』)

図 3-3　焼きジャガイモ売りの男.「焼きじゃがだよー. ほっかほっかー」と言って売っている[メイヒュー 1992].

ロンドンのフィッシュ・アンド・チップス店

フィッシュ・アンド・チップス

ところで、イギリスでは一八世紀後半から産業革命が進んでいた。その結果、生産活動の機械化・動力化が進展、工場制も普及していた。これらにともない工業都市が成立、資本家と工場労働者の階層も生まれた。このような工業化が進行すると、やがてイギリスではジャガイモと魚のフライが労働者の食事の中心となる。有名な「フィッシュ・アンド・チップス」を売る店が都市のあちこちに出現するのである。

「フィッシュ・アンド・チップス」とは、ヒラメやカレイ、たら、小エビなどのフライをフライドポテトとともに、トマト・ケチャップやビネガーなどで味つけをして食べる料理だ。「持ち帰り」の場合は、新聞紙を三角にしてジャガイモを入れ、その上にフライをのせて持ち歩くそうである。この「フィッシュ・アンド・チップス」が普及したのは一九世紀中ごろ、とくに六〇年代以降のことであった。そして、二〇世紀はじめのロンドンでは一二〇〇軒ものフィッシュ・アンド・チップス店があったとされる。その背景には、汽船によるトロール漁法の展開で魚が大量にとれるようになったこと、冷凍技術と鉄道による輸送手段の確立があったといわれている。したがって、フィッシュ・アンド・チップスは、労働者の食事の中心になっていたことや産業革命の技術変化があってこそ誕生したものであることなどを考えれば、産業革命の象徴といえそうである。

「ジャガイモ好き」――アイルランド

ヨーロッパ各国でジャガイモがまだ偏見にまみれていたなかで、唯一「ジャガイモ好き」として知られる地方があった。イギリスと海をへだてて西に位置するアイルランドである。アイルランドは日本の北海道ほどの面積しかない小国であるが、かつて「ジャガイモ好き」であったがために国民の大半が大きな災禍をこうむった歴史をもつ。ジャガイモによる「大飢饉（ザ・グレート・ハンガー）」がそれである。そして、この大飢饉は、アイルランドだけでなく、アメリカやイギリス、オーストラリアなどをも巻きこむ地球規模の大惨事となったのである。そこで、アイルランドについては以下にやや詳しく述べることにしよう。

ジャガイモがアイルランドに導入されたのは一六世紀末頃らしいが、他のヨーロッパ諸国とはちがって、一七世紀には畑の作物として受け入れられ、一八世紀には主食として利用する人も少なくなかった。その背景には、アイルランドの特異な風土があった。まず、アイルランド

アイルランド概略図

は北緯五〇度を超える高緯度地方にあり、約一万年前の洪積世まで全島が氷河でおおわれていた。そのため土壌はうすく、しかもその土壌は気温が低いため作物の成育に適した腐植土に乏しい。このような土壌や気候でもジャガイモはよく育ったのである。

とはいえ、ジャガイモがただちに主食の座に躍り出たわけではなかった。もともとアイルランドの大半の人たちが主食にしていたのはエンバクであり、これをオートミールとして食べていた。そして、これをバターなどの酪農食品が補っていた。とりわけ、秋にエンバクが収穫される前の夏の食べ物の中心は酪農食品であった。しかし、エンバクと酪農食品だけでは冬に食べ物が乏しくなる傾向があった。とくに、エンバクが不作になると、てきめんに食糧不足になった。このような状況のなかで注目されたのがジャガイモであった。実際に、一六六〇年代から七〇年にかけて、ジャガイモは数回にわたりエンバクの不作を救ったのである。

もうひとつ、アイルランドにはジャガイモを受け入れる社会的な背景もあった。まず、当時のアイルランドはイギリスの植民地のような状態におかれていた。そして、その背景にはカトリックを信仰するアイルランドとプロテスタントを信仰するイギリスの宗教的な対立があった。アイルランドのカトリック信者が所有していた農地の多くは没収され、イギリス側に配分された。こうしてイギリス人によって土地を奪われたアイルランド人は小作農になることを余儀なくされた。このような状況のなかで、主として麦を栽培していた小作農家たちは地代を支払わなければならなかったが、ジャガイモについては地代を払わなくてもよかったのである。

さらに、ジャガイモには大規模な資本を投下しなくても容易に栽培できるという利点もあった。農具は、もっぱら簡単な踏み鋤が使われた。この踏み鋤を人力で使って畑を耕した。耕すとはいっても、耕地全体を耕すのではなく、ジャガイモを植えつける場所だけを盛り上げ、そこだけを踏み鋤で耕すのである。そのため、この方法はレイジー・ベッド、つまり「ものぐさ苗床」とよばれた。肥料は家畜の糞を使うほか、海岸に近い地方では海草も使った。

「ものぐさ苗床」と皮肉られながらも、この方法でもジャガイモはよくできた。とくに盛り上げた苗床によって、アイルランドではしばしば問題となる排水が容易に行なえた。じつは、ジャガイモの故郷のアンデスでも古くからこの方法が使われてきたことは第2章で見たとおりである。

こうして、アイルランドではジャガイモ栽培が急激に増加していった。その結果、ジャガイモがアイルランドに導入されてから一〇〇年ほどのあいだに、アイルランド人といえば「ジャガイモ好き」として知られるほどに彼らはジャガイモをよく食べるようになっていった。そして、一八世紀の半ば頃には、ジャガイモがほとんど唯一の食糧といってもよい位置を占める。『世界を変えた植物』を書いたドッジによれば、当時、アイルランドを旅行したある人は、「ここでは一年のうち一〇ケ月はジャガイモとミルクだけで過ごし、残りの二ケ月はジャガイモと塩だけ食べている」と記録しているほどである。

実際、当時、一人のアイルランド人が一日に消費するジャガイモの量は一〇ポンド(約四・五キログラム)に達していた。ジャガイモは栄養バランスに優れた作物であり、ビタミンやミネラル類にも富んでいた。そのため、あとは少しのミルクを飲むだけで栄養が十分に補えたのである。こうして、アイルランドではジャガイモ栽培がいよいよ拡大し、それにともなって人口も急増していった。すなわち、一七五四年に三二〇万人であった人口が、それから一〇〇年足らずの一八四五年には約八二〇万人にまで増加したのである。

「ジャガイモ大飢饉」

しかし、このあとアイルランドでは思わぬ悲劇が待ち受けていた。一八四五年八月一六日、雑誌の『園芸クロニクル』がイギリス南部のワイト島で新しい疫病が発生したと報じた。翌週には同誌の編集者で有名な植物学者のリンドレイも、ジャガイモ畑に重大な疫病が発生したと報じた。その疫病は、まず葉に斑点が広がり、やがて黒色になる。そのあと壊疽《えそ》は茎やイモにも広がり、悪臭を発するようになる。

ワイト島．この島からジャガイモの病気が広がっていった（山本祥子氏撮影）．

ただし、この時点では、この災害はアイルランド人にとって対岸の火事のようなものであった。まだ、疫病はアイルランドにまで侵入していなかったからである。が、それも束の間のことで、疫病はイギリス全土に広がり、そのあと病原菌はアイルランドにも侵入してきた。この年の被害は比較的軽微であったが、それでもアイルランドのジャガイモの生産は半分になったと推定されている。これを当時のお金に換算するとアイルランドだけでも三五〇万ポンド、イギリスでは五〇〇万ポンドの損失となった。

このため、政府はアメリカから一〇万ポンドのトウモロコシを緊急に買い入れたが、トウモロコシはアイルランド人には不向きなものだった。トウモロコシは粉にする必要があったが、アイルランド人のほとんどは粉ひき機をもっていなかったからである。

疫病はこの年だけで終わらなかった。むしろ翌年の一八四六年の方が被害は大きかった。この被害について、あるカトリック神父の目撃談をイギリスの著名な歴史学者のサラマン博士が次のように引用している。

一八四六年七月二七日、私はコークからダブリンに向かったが、途中で見たジャガイモは花をいっぱいつけ、豊かな収穫を約束しているようだった。ところが、八月三日、その帰路には悲しい光景を見ることになった。ジャガイモが腐敗していたのである。そのジャガイモ畑の垣根のあちこちには、哀れな人々が座りこみ、手を固く握り締めて泣いていた。食べるものがなくなったからである。(Salaman, R. *The History and Social Influence of the Potato*)

こうして、こんどはジャガイモの九割が疫病にやられた。これに厳しい冬の寒さが追いうちをかけた。一一月には豪雪が襲い、人びとは草を燃やして何とか寒さに耐えた。一八四八年には再び深刻な飢饉におちいり、餓死者が続出した。「大飢饉」とよばれるゆえんである。

しかし、実際には食糧不足で餓死する人よりは、病気で死ぬ人の方が多かった。栄養不足で体力の弱った人たちを様々な病気が襲ったのである。流行性の熱病も野火が広がるように全土に広がった。これを人びとは「飢餓熱」とよんだが、実際にはチフスと回帰熱であった。この「熱病」については、一八四六年の見聞記をザッカーマンが引用しているので、それを次に紹介しておこう。

最初の陋屋《ろうおく》で、死体とおぼしき痩せおとろえた不気味な人体が六個、一隅でなにか不潔な藁のようなものの上に寄りかたまっていました。足を包んでいるのはぼろぼろの馬衣らしい布だけ。痩せほそった脚がぶらぶらと垂れ、膝から上はむきだしです。怖々と近づいた私は、低い呻き声でこの人体が生きていることに気づきました。熱病でした。子供四人に女一人、それから生きていれば男であった人体が一つ。これ以上細部にわたることはできません。今言えるのは、それから数分後に、少なくとも二〇〇体ものこの種の幽霊に出くわしたことだけです。いかなる言葉も描写できない怖さを通り越した地獄でした。

（ラリー・ザッカーマン『じゃがいもが世界を救った』）

この「熱病」のほか、はしかや赤痢、コレラなども流行した。ビタミンCを欠くトウモロコシの粉を食べていた人たちは壊血病になった。図3-4にも示したように、この病気による死

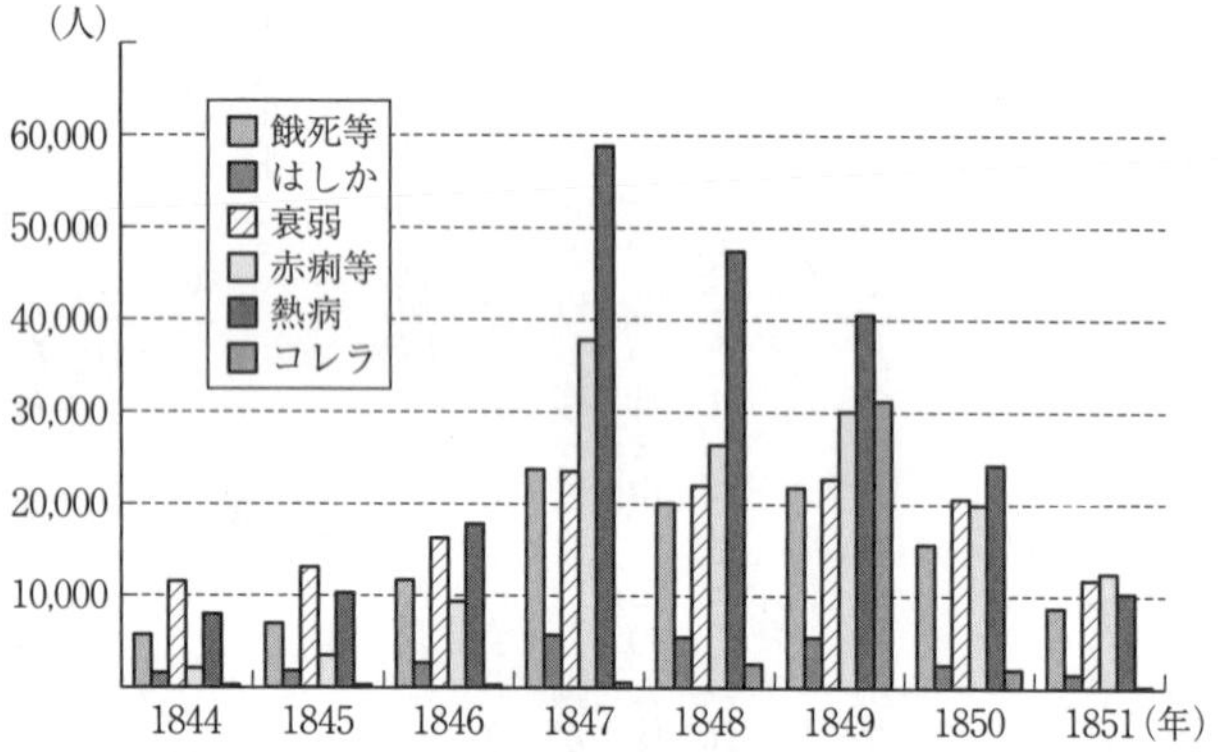

図 3-4　ジャガイモ飢饉による病気別死因[Donnelly 2001]

図 3-5　荷車で運ばれる遺体[*Illustrated London News* 1847]

亡は一八五一年になってようやく下火になったが、それまでにこの「大飢饉」によってアイルランドで失われた人口は一〇〇万人に達するということで歴史家の見解は一致している。あまりにも死亡者が多かったため棺桶も墓もまにあわず、そのままの状態で荷車によって運ばれ、遺体はまとめて埋葬された(図3-5)。

もちろん、アイルランド人も座してこの状況に耐えていたわけではなかった。疲弊したアイルランドに見切りをつけ、新天地をもとめて去っていく者があいついだ。それは、移民というより、今日の難民そのものであった。悪名高い粗末な「棺桶船」に詰めこまれ、新天地を目指したのだ。そして、このうちの五分の一は目的地に到達する前に死亡したとされている。

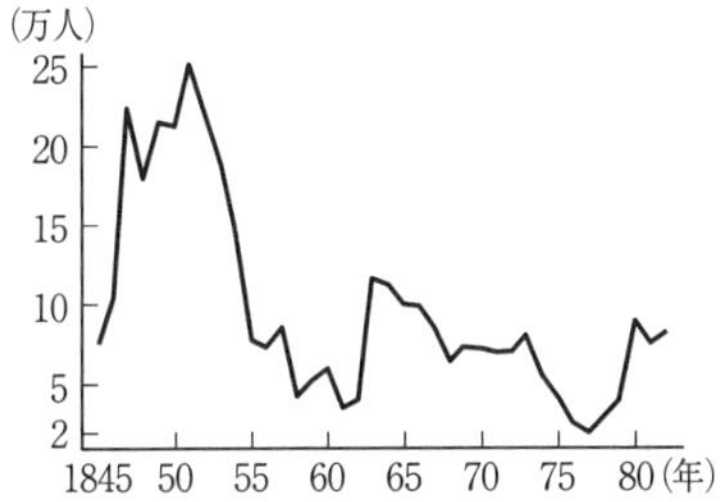

図 3-6　アイルランドから海外への移民数〔斉藤 1985〕

彼らにとっての新天地とは、英語が通じるイギリス、アメリカ、カナダ、オーストラリア、ニュージーランドなどであった。図3-6は、「大飢饉」以降のアイルランドからのアメリカとイギリスの植民地への移民数であり、「大飢饉」の時代から一八五〇年代前半に移民数が激増していることがわかる。ただし、この図にはアイルランドからイギリスへの移民は含まれていない。おそらく、アイルランドから距離的にははるかに近いイギリスへの移民は、この図に示されている数よりもずっと多かったと推測されている。

こうして、「大飢饉」のあいだにアイルランドから去っていった人たちは一五〇万人に達するとされる。しかし、貧しく、手に職もない移民たちを待ち受けていたのは苦難の道であった。とくに、プロテスタントが大多数を占めるアメリカでは、カトリック系のアイルランド人移民は肩身がせまかった。アメリカ社会では、アイルランド人であり、カトリックでもあるということは汚名であり、職を得ようとすれば彼らに対する偏見が立ちはだかった。実際に、一部の雇用者は、カトリック系アイルランド人を雇うことを拒否し、社員の募集広告に、わざわざ「アイリッシュ(アイルランド人)の応募、お断り」という一文を入れた。しかし、やがてアイルランド人はこの屈辱的な文句に曲をつけ、一八七〇年代を通じて最も人気のある次のような歌にしたてたのである。

俺は堅気のアイルランド人
　バリファッドの出身だ
仕事が欲しくて
　喉から手が出そうだぜ
ある求人を見て思ったね

俺にぴったりの仕事じゃないか
だけど、あの大ボケ野郎
ひとこと付け加えていやがった
「アイリッシュの応募、お断り」
ずいぶん無礼な話じゃないか
でも、俺はこの仕事にありつきたかった
そこで俺は会いにいったのさ
こんな文句を書いた悪党に
「アイリッシュの応募、お断り」
パットとかダンなんて洗礼名をつけられるのは
不運なことだと思っているやつらもいるだろう
でも、俺にとっては名誉なことさ
アイリッシュに生まれついたってのは
（ミラー＆ワグナー『アイルランドからアメリカへ』）

このような苦難に満ちた社会の中でも、やがて成功する者も生まれる。その一人がアメリカ大統領になったＪ・Ｆ・ケネディである。彼の曽祖父は大飢饉がおこった一八四八年にアイルランドからアメリカに移住した人物であった。

「大飢饉」の原因と結果

それにしても、何がアイルランドでこのような悲惨な飢饉を招いたのであろうか。まずは何といってもジャガイモの疫病の発生に原因がもとめられる。この病気のもとは、当時は知られていなかったが、真菌類のフィトフトラ・インフェスタンスであり、これに侵されたジャガイモはジャガイモ疫病になることが知られている。おそらく、アメリカ大陸からもたらされたものだと考えられている。そして、これが先述したように一八四五年六月に最初にワイト島に出現し、そこからヨーロッパ中に広がっていったのである。

では、なぜ、アイルランドだけでジャガイモ疫病が大飢饉を引きおこしたのだろうか。それは、一口にいえばアイルランド人が「ジャガイモ好き」だったからである。つまり、あまりにもジャガイモに依存しすぎたせいで、飢饉のような非常時に代替作物がなかったからである。さらに、この状態に拍車をかけたのが、単一品種ばかりを栽培したことである。ジャガイモには数多くの品種があるが、アイルランドでは一九世紀の初め頃からもっぱらランパーとよばれる品種のみを栽培するようになっていた。この品種は、栄養面では他の品種にくらべて劣っているが、少ない肥料と貧弱な土壌でも栽培ができたため、アイルランド全土に普及していたのである。しかし、ジャガイモは塊茎によって増える、いわゆるクローンであるため、単一品種の栽培は遺伝的多様性を失わせることになる。したがって、ある病気が発生すれば、それに抵抗性をもたない品種はすべての個体が同じ被害を受けることになる。アイルランドの大飢饉は、まさしくこうして生じたのであった。

ただし、大飢饉のすべての原因をジャガイモの疫病だけのせいにするわけにはゆかない。当時、アイルランドがおかれていた社会的状況も考慮にいれなければならない。先述したように、当時のアイルランドはイギリスの植民地のような状態にあり、農民は貧困にあえいでいた。そのような状況のなかで飢饉がおこったわけだが、政府は十分な対応策をとろうとしなかったのである。食糧不足を解決するためには海外から安価な穀物を早急に輸入する必要があったが、これは穀物の価格維持を目的とした法律、いわゆる穀物法のために実行が困難であった。また、自由市場における放任主義、いわゆる「レッセ・フェール」も対応のまずさに拍車をかけた。その結果、政府による穀物輸入はほとんど実施されなかった。さらに、国外への輸出に対する規制も行なわれなかったため、数多くのアイルランド人が深刻な飢餓状態にあるにもかかわらず、穀物はアイルランドから失われる一方、という異様な状態にあったのである。

こうして、飢餓と病気、さらに国外脱出の結果、アイルランドの人口は急激に減少した。その後も人口は減少しつづけ、アイルランドの人口は一九一一年の時点で四四〇万人に激減、一八四五年時点の半分くらいにまで落ち込んだ。じつは、この後遺症はいまもつづいており、一九九〇年の時点でもアイルランドの人口は約三五〇万人にとどまっている。一方、アイルランド系の人口は、アメリカで四三〇〇万人、全世界では七〇〇〇万人に達する、といわれる。

その結果、アイルランドでは人口が減少しただけでなく、農村労働力も不足したため、耕作地にかわり、やがて放牧地が大勢を占めるようになる。実際に、私は二〇〇六年にジャガイモ飢饉の被害がひどかったアイルランド西部のコノート州を訪れたが、町をちょっと離れると人家はまばらで、畑もほとんどなく放牧地ばかりが目立っていた。そんな、まばらな人家を眺めながら、コノート州はいまだに飢饉の後遺症から立ち直っていないのではないかという印象をぬぐいきれなかったものである。

アイルランド北部スライゴー近郊の放牧地

第4章

ヒマラヤの「ジャガイモ革命」

——雲の上の畑で——

エベレスト山麓でジャガイモを収穫するシェルパの女性たち(標高約4200 m)

高地民族、シェルパ

ネパールの東部とチベットの国境地帯にソル・クンブとよばれる地方がある。山の好きな人なら、一度は訪れてみたいと思うところだ。実際、ソル・クンブ地方を訪れるトレッカーは、ネパールのみならず、全ヒマラヤの山域中で最も多いといわれる。それもそのはず、ソル・クンブ地方にはネパールにある八〇〇〇メートル峰八座のうち、世界最高峰のエベレスト(現地名サガルマータ)をはじめとする四座があるからだ。このほかにも、ソル・クンブ地方には七〇〇〇メートル級の山々もたくさんあり、高峰がひしめきあっている地域なのである。本章では、このソル・クンブ地方を取り上げよう。この地方には登山のガイドやポーターとして有名になったシェルパの人たちが暮らしているが、彼らの暮らしはジャガイモの導入によって「ジャガイモ革命」とよばれるほど短期間に大きく変化したからである。

このソル・クンブ地方で暮らす人びとの大半はシェルパの名前で知られる。シェルパといえば、日本では登山のガイドやポーターとして知られているが、れっきとした一民族である。シェルパとは「東方の人」という意味だが、その名のとおり、もともとはチベット高原東部に住んでいたチベット系の民族が、ヒマラヤを越えてネパールに今から五〇〇年ほど前に移り住んだ人たちである。特徴的なことは、彼らの大半が標高三〇〇〇メートルあたりから四〇〇〇メートル前後の高地部に住んで、農業と牧畜をともに行なって生計をたてていることである。

とくに、ソル・クンブ地方のなかでもクンブ地方のシェルパは標高四〇〇〇メートル前後の高所に住み、彼らは高所シェルパとよばれることもある。一方、ソル地方のシェルパは標高三〇〇〇メートルあたりのもう少し低いところで暮らしている。このうちクンブ地方には私は一度訪れただけだが、ソル地方では一〇人ほどの研究仲間とともに長期間定住し、人類学の調査を行なった。クンブ地方では多くの人類学者が調査を行なっているのに対して、ソル地方では調査が乏しかったので、それを補うため

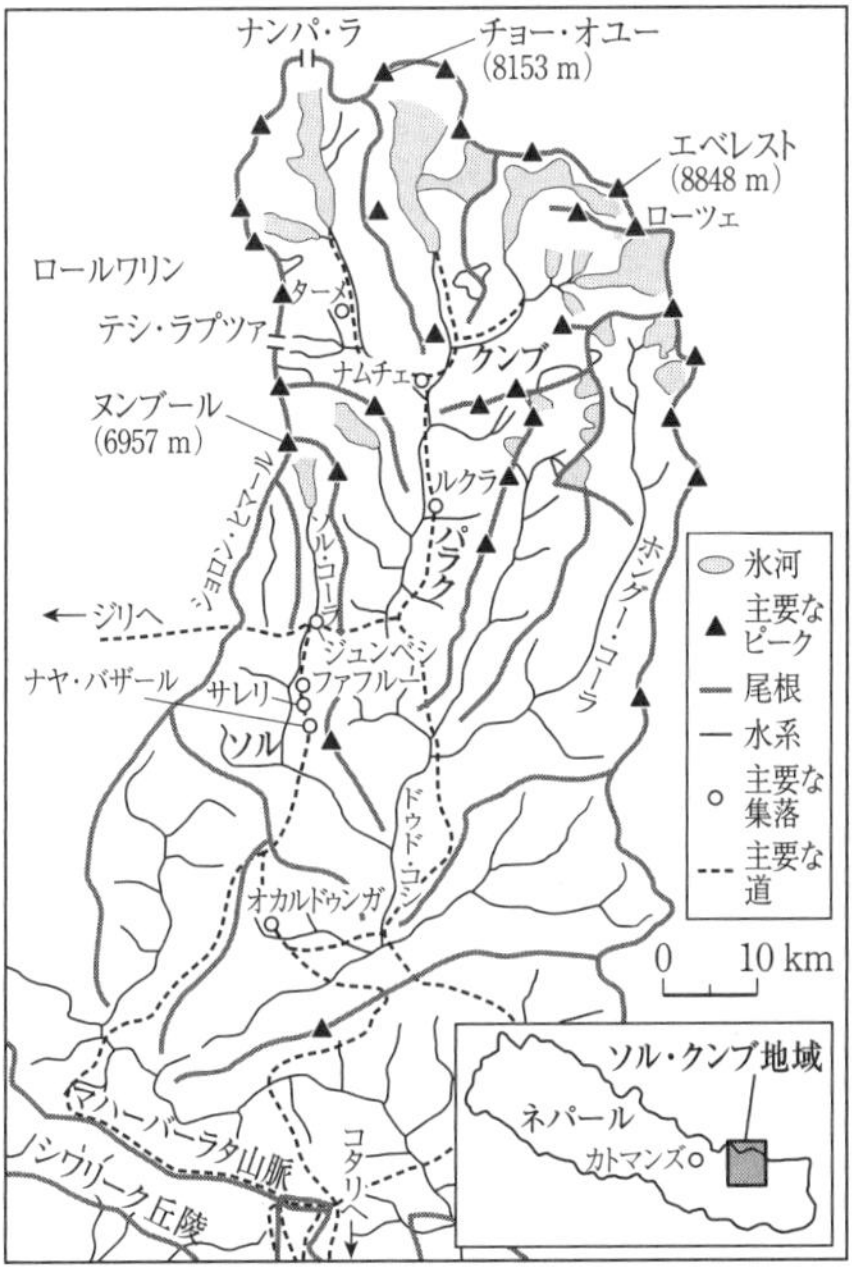

ネパール東部，ソル・クンブ地方の概念図．〔鹿野 2001〕を一部改変．

に私たちはソル地方で調査を実施したのである。ここでは両者を比較して話を進めよう。まずは文献資料などが豊富なクンブ地方から見てゆく。

エベレストの山麓にて

クンブ地方は、おおまかにいえばエベレストの山麓にあたるところである。したがって、場所によってはエベレストを遠望することもできる。そこは高地だけあって半年間は気温が低いため農業ができず、作物の栽培は四月中旬から九月初め頃までに限られる。主要な作物はソバ、ジャガイモ、カブ、大麦などである。これらの作物の中でジャガイモだけが新参であり、ヒマラヤにおける歴史は新しい。それでは、ジャガイモはいつ、どこからネパール・ヒマラヤに導入されたのだろうか。

まず、時期については一九世紀半ば頃らしい。実際に、ヒマラヤを広く歩いた植物学者のJ・D・フッカーの記録によれば、一八四八年に彼はネパール東部に位置するカンチェンジュンガの山麓でジャガイモを見て、近年になって導入されたものだと記述している。とにかく、ネパール・ヒマラヤにおけるジャガイモの導入時期はヨーロッパにおけるそれに比べて二〇〇～三〇〇年も遅い。また、その導入のルートはダージリン(インド)のヨーロッパ人入植者たちおよびカトマンズのイギリス人居住区の畑からであるとされる。

さて、導入されたジャガイモはどうなったか。シェルパ研究の第一人者であるハイメンドルフ博士は、ジャガイモは急速にクンブ地方で広く栽培されるようになったと考えている。そして、その理由は何といってもジャガイモの生産性の高さにもとめられる。在来の主作物である大麦やソバよりもジャガイモの生産性がはるかに高く、そのためソバ畑はジャガイモにとって代わられるようになったらしい。実際に、現在、クンブ地方を歩くとソバ畑はほとんど見られず、ジャガイモ畑ばかりが目立つ。

クンブ地方から遠望したエベレスト(サガルマータ)峰

クンブ地方でジャガイモ栽培の増加ぶりを示すものが他にもある。それが人口の急激な増加である。一八三六年の時点でクンブ地方の人口は一六九世帯であったが、それが一九五七年には五九六世帯と大幅に増加したのである。この人口増加は単にジャガイモの生産性の高さだけでなく、栄養価の高さも関係している。ジャガイモは栄養価の高い作物であり、そのおかげでシェルパの人たちの栄養状態が良くなり、死亡率も減少したのである。クンブ地方の食糧状態は豊かになり、それが古くから交流のあったチベットからの人口移入も招いた。こうして、ハイメンドルフ博士はジャガイモがクンブ地方の経済に「革命」

を引きおこしたと結論づけたのである。

「ジャガイモ革命」論争

ジャガイモがクンブ地方で広く、また早く広がり、それが一九世紀に在来の農業を大きく変え、人口や社会、文化まで変えてしまったことは一般に認められてきた。なかには、ジャガイモが導入されるまでのシェルパは農耕民ではなく、遊牧民であったと主張する研究者さえいる。また、先述したハイメンドルフ博士は、シェルパ社会の繁栄をジャガイモ栽培のおかげであるとみなして、次のように述べている。

> 一九世紀半ば頃までのクンブ地方の人口は現在の人口の一部にしかすぎず、この一〇〇年ほどの大幅な人口増加はジャガイモ栽培の普及と符合することに疑いはない。(中略)新しい作物の導入と著しい人口増が関連していることは想像に難くない。
>
> (Fürer-Haimendorf, C. *The Sherpas of Nepal*)

このような主張に対して疑問を投げかけたのがアメリカ人地理学者のS・F・スティーブンソン教授である。彼はハイメンドルフ博士の主張の根拠が乏しいという。たとえば、ハイメンドルフ博士が人口増の根拠とした一八三六年から一九五七年にかけての人口の三倍増についても、この程度の人口増はネパール全体の人口増と大差ないと指摘している。ただし、スティーブンソン教授もネパール全体の人口増がトウモロコシ栽培の導入や階段耕地における水田耕作などの新たな農業技術革新に起因するものであることは認めている。

つまり、スティーブンソン教授はジャガイモの導入そのものが人口増を引きおこしたと主張することは早計だというのである。それというのも、地方的な人口増は、自然の人口増や移住に起因するものがあるからだ。実際に、一九世紀から二〇世紀にかけての同地方の人口増はチベットからの移住も反映しているという。

ここで私のコメントを加えておこう。スティーブンソン教授はクンブ地方への人口流入についてのみ述べているが、クンブ地方からの人口流出はなかったのか。クンブはシェルパの人たちが暮らす地域のなかではもっとも高く、気温も低く、厳しい環境であるため、もっと温暖なところへの人口移動もあったと考えられる。さらに、一九二一年にはインドのダージリンでシェルパの登山隊への組織的雇用も始まったことから、この頃からダージリンへの人口移動も開始されたと考えられる。したがって、クンブ地方における人口流入だけでなく、人口流出も考えなければならないのだ。

スティーブンソン教授は別の点でも批判をしている。それは、ジャガイモの導入や普及が、これまで考えられていたほど急激なものではなかったという点である。彼によれば、いくつものジャガイモ品種が導入されたが、新しく、より収量の高いリキ・モルとよばれる赤色のジャガイモ品種が導入される一九三〇年代まで、ジャガイモ栽培はクンブ地方の農業の中心にならなかったという。この点に関しては彼の指摘どおりかもしれない。ジャガイモ導入の初期の頃の品種は収量が低く、それまでの農業にさほど大きな影響を与えなかった可能性がある。この可能性については後ほどソル地方での事例で検討してみたい。

スティーブンソン教授は、もう一つハイメンドルフ博士の「ジャガイモ革命」説に反論を加えている。その反論を紹介する前に、ハイメンドルフ博士の当該部分を次に引用しておこう。

> 新しい寺院や宗教的なモニュメントなどの建設、さらに修道院や尼僧院などの設置はこの五〇年間から七〇年間のあいだに生じたことである。(中略)このような出来事は、私の意見では、ジャガイモの導入、それにともなう農業生産の増大によって引き起こされたことにほとんど疑いがない。
> (前掲書)

このような意見に対し、スティーブンソン教授は農業上の高い生産性の役割は比較的小さく、宗教上の建物やモニュメントの建設の背景についてはもっと厳密な検討が必要であるとする。

また、村でみられる寺院のほとんどすべてはすでに一八三〇年あるいはそれ以前に建てられたという。つまり、宗教上の建物やモニュメントは「ジャガイモ革命」以前にすでに建てられていたと彼は主張するのである。

しかし、この点に関してはスティーブンソン教授に見落としがあると私は考えている。たとえば、ソル・クンブで最初の僧院の建設着工がクンブ地方のタンボチェに始まったのは一九一六年であった。また、デウチェ(クンブ地方)にソル・クンブ最初の尼僧院の建築が着工され、完成したのも一九二八年のことであった。さらに一九四〇年ごろ、クンブ地方のターメ村の寺院で仮面舞踏をともなう儀礼マニ・リムドゥも開始された。つまり、同教授の主張とは異なり、クンブ地方では「ジャガイモ革命」と並行するように、僧院や尼僧院が建てられ、宗教的な行事がさかんになったのである。

ただし、スティーブンソン教授も決してクンブ地方におけるジャガイモの大きな役割を軽視しているわけではない。むしろ、「ジャガイモ革命」という言葉を積極的に使っているのはスティーブンソン教授の方である。ただ、スティーブンソン教授は「ジャガイモ革命」が本格的に始まったのは先述したリキ・モルという新品種が普及した一九五〇年頃と考えているようである。したがって、時期については疑問が残るものの、ジャガイモの普及がクンブ地方で暮らす人びとに「革命」といえるほどの大きなインパクトを与えたことは間違いない。実際、同教

ジュンベシ村(手前にみえる集落).後方の雪山はヌンブール峰(6957 m).

授の観察によれば、クンブ地方のシェルパの食事はジャガイモに大きく依存しており、大人は一人で一日一キログラム以上のジャガイモを食べ、四人家族であれば年間で一トンから二トンのジャガイモが必要だとされるというのである。

　では、次にソル地方について述べよう。先述したように、ソル地方では私たち自身が調査をしたので、その調査結果にもとづいて報告する。

ソル地方のシェルパ

　ソル地方で、私たちが調査をしていたのは、通称ジュンベシ谷という地方である。この谷の上流方向には、標高六九五七メートルの高峰、ヌンブール峰をのぞむことができる。そして、この谷の中央部あたり、標高二六七五メートルにジュンベシという一〇〇戸たらずの小さな集落がある。住民はすべてシェルパであり、一説によればジュンベシはネパール・ヒマラヤ最古のシェルパの集落であるとされる。

さて、私たちはこのジュンベシ村を調査基地としたが、このほかにもう一カ所長期に滞在した集落がある。それは、ジュンベシ村から高度差にして二〇〇メートルほど登った標高二九〇〇メートルにあるパンカルマ村である。ここもシェルパ族の人だけが暮らす、一三家族の小さな村である。村びとの大半は農業を営み、小麦や大麦、ジャガイモなどを主作物として、ダイコン、カラシナなどの野菜も栽培している。そのうちの一軒でも、私たちは居候しながら周辺の村に調査に出かけていた。また、そこで採集してきた植物を乾燥したり、標本をつくったりもした。そのため、この家での滞在が長くなり、シェルパの人たちの食生活についてもかなりわかってきた。そこで、この家での食事を中心にシェルパの人びとのジャガイモを中心とした食生活を紹介しておくことにしたい。クンブ地方とは、やや異なった様相がみられるからである。

屋根裏のダイニング・キッチン

パンカルマ村で見られるシェルパの家は、木造のがっしりした二階建てで、四方に大きな窓がついている。ただし、私たちの泊まっていた家は三階にあたる部分が屋根裏部屋になっている。一階は物置になっており、収穫したジャガイモを貯蔵したり、雨のときは麦類の脱穀などの農作業も行なう。

シェルパの家のカマド.「ジャガイモのパン」，リキクルをつくっている.

二階には、仏像を安置した仏間やベッドを並べた寝室などがある。そのうちの一室には、最近はあまり使われなくなった真鍮《しんちゅう》製の大きな水入れのほか、ふだんはあまり使わない鍋や食器などもおいてある。大きな水入れは、以前は水場から運んできた水を入れておくのに不可欠だったが、近年、水道の普及とともにその役割をほとんど終えたものだ。ちなみに、私たちがこの家に滞在するときは、この二階の一部屋に泊めてもらっていた。

さて、この家の台所は先述した三階の屋根裏部屋にあたるところにある。ここは、台所だけではなく、食堂としても使われるので、いわばダイニング・キッチンである。この部屋には小さな窓がひとつしかないので、昼でもかなり薄暗い。明るい屋外から入ってくると、しばらくは何も見えないことさえある。暗さになれると、広い板敷きの部屋の中央に大きなカマドのあることがわかる。

最近、パンカルマ村にも電気がついたが、いまも炊事の燃料はすべて薪である。ジュンベシ谷の最奥に位置するパンカルマ村に届く電力は弱々しく、電力による炊事はできないのだ。また、高地にあるクンブ地方では乾燥したウシの糞を燃料に使っているが、それもパンカルマ村ではほとんど使わない。ここには豊かな森林があり、まだ薪が十分にあるからだ。屋根には煙出しもあり、薪もよく乾燥してあるので、さほど煙くはない。標高三〇〇〇メートルに近いこの村では、夜になると気温が下がって寒いが、カマドで燃やす火で部屋は暖かくなり、カマドが暖房器具の役目も果たしている。

部屋の片隅には水源からゴム管をのばして引いた簡易水道がきており、そのまわりに日頃使う鍋釜のたぐいや食器などがおいてある。壁際には低い木のベッドが巡らされており、その前には小さな机がある。食事のときはベッドに腰をおろし、この小机が食卓となる。なお、この家には若い夫婦の家族とその母親が住んでいる。

チベット由来の食の伝統

彼らの一日は、台所から響いてくる「ジュボー、ジュボー」という音で始まる。この音はバター茶をつくるときに出るものだ。バター茶づくりは、まずカマドに火をつけて大きな鍋に紅茶をわかすことから始まる。ついで、トンムとよばれる円筒状の木製攪拌器のなかにバターと五粒ほどの岩塩、さらに熱いお茶と牛乳を入れる。最後に攪拌用の棒を上下させ、かきまぜるとバター茶ができあがる。この攪拌作業のときに出る音が「ジュボー、ジュボー」と聞こえてくるものだ。

食事は一年をとおしてあまり大きな変化はなく、朝食はたいていツァンパの名前で知られる麦焦がしである。ツァンパは炒った大麦を水車でひいて粉にしたもので、大麦のないときは小麦を使うこともある。このツァンパに砂糖を少し混ぜ、さらにバター茶をそそいで食べる。

このように朝食はツァンパとバター茶が欠かせないものになっているが、これはチベット由来の伝統食である。チベットでの朝食もたいていバター茶とツァンパであり、シェルパの祖先がチベットから移住してきてから数百年を経た今日でも、その食生活の伝統は守られているのだ。ただし、それは朝食に限られるようで、朝食以外の食材は新しいものが多くなっている。その代表的なものがジャガイモやトウモロコシ、そしてトウガラシなどのアメリカ大陸原産の作物である。それを以下にみてゆこう。

一日の食事の回数は、その日の畑仕事の内容で決まる。小麦やジャガイモなどの播種や収穫で忙しいときは、昼食を朝の一〇時前にすませ、休憩のときに飲むバター茶を中国製の魔法瓶に入れて家族総出で出かけてゆく。このような日は、夕方に蒸したジャガイモやツァンパなどで軽い食事をとり、空腹をしのぐこともある。

夕食の準備は、ウシの搾乳が終わってからだ。この搾乳は女性の仕事なので、搾乳を終えてからの夕食の準備はどうしても遅い時間になってしまう。そこで、これを助けるように、いつも子どもや男性も炊事の手伝いをする。ジャガイモの皮をむいたり、カマドに薪を放りこんだりする。手伝いとはいえ、みんな楽しそうに、おしゃべりをしながらの作業だ。カマドのまわりに家族全員が勢揃いしているせいかもしれない。

　そのあいだに、若奥さんが食前酒のチャンを準備し、手のあいたものがチャンをついでまわる。チャンといえば、以前は大麦やシコクビエを材料にするものと決まっていたが、いまではしばしばトウモロコシからもつくる。こんなところにもヒマラヤにおける新大陸産作物の浸透ぶりが示されている。子どもたちは、畑から掘り取ったばかりの新鮮なジャガイモを洗い、包丁や鎌を使い小さくきざんでゆく。手のあいたものは歩き出したばかりの子どもの世話をしながらチャンを振る舞って歩く。シェルパの人たちの家で、いちばんにぎやかなひとときである。

　味つけの仕上げは、いつも塩とトウガラシを使う。カマドの上に吊してある籠から乾燥させたトウガラシを取り出し、ゴプツォンという木製の小さな臼に入れ、石でつぶす。この臼のたてる「ゴン、ゴン、ゴン」という音

トウガラシを木臼ですりつぶすシェルパの女性

が聞こえてくると、夕食ができた合図である。

多彩なジャガイモ料理

シェルパの人たちが夜に食べる料理のおもな材料はジャガイモである。たとえば、九月の一週間のうち六日まで、夕食または夜食のおもな材料がジャガイモであった(表4-1)。また、夕食でも夜食でもジャガイモを食べる日もあった。さらに昼食でもしばしばジャガイモを食べている。朝食こそは大麦を材料にしたツァンパであるが、シェルパの人たちはほとんど毎日ジャガイモを食べているのだ。

このようにジャガイモをしょっちゅう食べているせいか、シェルパの人たちの食卓に出てくるジャガイモ料理の種類は多彩である。先述したようにジャガイモはアンデス原産の作物であり、ヒマラヤにおけるジャガイモ栽培の歴史は浅いにもかかわらず、アンデスよりもジャガイモ料理の種類は多様なほどである。

ジャガイモ料理のなかで、彼らがいちばんよく食べるのは、シェルパ・シチューとでもいうべきシャクパである。これは、一〇リットルほども入る大きな鍋に湯をわかし、チルックというチベット製の乾燥させたヒツジの脂肪を包丁で薄く削り、これを鍋に入れて煮込んでだしをとる。ここに、短冊状に切ったジャガイモ、自家製の小麦粉を水で練ってつくる親指大の団子、

表 4-1　シェルパ族の 1 週間の献立と材料　9 月のパンカルマ村にて

		献　立	おもな材料
15 日	朝	バター茶，砂糖入りの茶	バター，牛乳，茶葉
		ツァンパ(麦焦がし)	小麦粉*1，バター，牛乳，茶葉
	昼	飯，スープ	コメ，ジャガイモ，インゲン
	夕	蒸したジャガイモ	ジャガイモ，ナガネギ
	夜	シャクパ(シェルパ風シチュー)	ジャガイモ，小麦粉，カラシナ
		ニンニクの酢づけ，チャン	ニンニク
16 日	朝	バター茶，砂糖入りの茶	バター，牛乳，茶葉
		ツァンパ	大麦粉，バター，牛乳，茶葉
	昼	クルメシャン(無発酵パン)	小麦粉
		ジャガイモとカラシナの炒めもの	ジャガイモ，カラシナ，キャベツ
		サラダ	
	夕	ツァンパ	大麦粉，バター，牛乳，茶葉
	夜	蒸したジャガイモ，チャン	ジャガイモ
17 日	朝	バター茶，砂糖入りの茶	バター，牛乳，茶葉
		ツァンパ	大麦粉，バター，牛乳，茶葉
	昼	飯，ジャガイモとカラシナの炒めもの	コメ，ジャガイモ，カラシナ
		ニンニクの酢づけ	ニンニク
	夕	蒸したジャガイモ	ジャガイモ
	夜	トゥクパ(シェルパ風ウドン)	小麦粉，ヒツジの骨(ダシ用)
		チャン	ネギ
18 日	朝	バター茶，砂糖入りの茶	バター，牛乳，茶葉
		ツァンパ	大麦粉，バター，牛乳，茶葉
	昼	飯，肉とジャガイモの炒めもの	コメ，ジャガイモ，肉
	夜	トゥクパ，カリフラワーの炒めもの	小麦粉，ヒツジの骨(ダシ用)
		チャン	ナガネギ，カリフラワー
19 日	朝	バター茶，砂糖入りの茶	バター，牛乳，茶葉
		ツァンパ	大麦粉，バター，牛乳，茶葉
	昼	クルメシャン	小麦粉
		ジャガイモとカラシナの炒めもの	ジャガイモ，カラシナ
		チャン	
	夕	蒸したジャガイモ	ジャガイモ
	夜	シャクパ，ニンニクの酢づけ，チャン	ジャガイモ，小麦粉，ニンニク
20 日	朝	バター茶，砂糖入りの茶	バター，牛乳，茶葉
		焼きトウモロコシ	トウモロコシ
	昼	蒸したジャガイモ，チャン	ジャガイモ
	夜	リキクル(ジャガイモパン)	ジャガイモ，バター，ショウシン
		チャン	ナガネギ
21 日	朝	バター茶，砂糖入りの茶	バター，牛乳，茶葉
		ツァンパ	大麦粉，バター，牛乳，茶葉
	昼	セン(粉がゆ)，スープ	小麦粉，ジャガイモ，カラシナ
	夜	蒸したジャガイモ，チャン	ジャガイモ，ゴマック*2

*1 ツァンパは，通常では大麦粉でつくるが，大麦粉がないときには小麦粉でもつくる．
*2 ゴマックは，セリ科の野草．

[山本・稲村 2000]を一部改変．

カラシナ、インゲンマメ、ダイコンなどの季節の野菜を加える。

これに燻製肉を入れると、さらに美味しくなるが、残念ながら肉はなかなか手に入らない。シェルパの人たちは殺生《せっしょう》を禁じている仏教徒だからである。最後に塩とトウガラシで味つけをし、ネギを油で炒めて鍋に加えるとできあがりだ。一日の仕事を終えてシャクパを前にすると、この大きな鍋があっという間に空になってしまう。シャクパを食べると体が温まり、気温の低い夜には最適なのである。

ジャガイモの特別料理，リルドゥックの準備．煮たジャガイモをつぶして餅のように練る．

ジャガイモでつくったパンのような料理もある。シェルパ語で「ジャガイモのパン」を意味するリキクルである。これは生のジャガイモをすりおろし、小麦粉を少し加えてよく混ぜる。ついで、これをフライパンの上に広げてホットケーキのようにして焼くとできあがる。食べるときは、その上にバターをのせ、ネギやトウガラシ、塩をゴプツォンでつぶしたものをつけて食べる。平らな石をカマドで熱し、この石の上で焼くとさらに美味しくなる。軽食のようにして食べることも多く、しばしば夕食や昼食でもリキクルを食べている。

ジャガイモを材料にした特別料理もある。リルドゥックというスープである。これは結婚式のような特別なときだけ料理されるもので、ふだんはあまり食べることができない。この料理をつくるときは、まず湯をわかし、先述したチルック、マサラ(クミンやターメリックなどの入った混合調味料)、塩、トウガラシを加えてスープをつくる。これとは別に、煮たジャガイモを、チューという洗濯板のように刻み目の入った石皿の上におき、木の棒でつぶしながら餅のように粘りけがでるまで練る。これは、なかなか力のいる仕事で、たいてい男性が汗を流しながら手伝う。餅のようになったジャガイモを手でちぎりながら、スープのなかに入れ、さらに煮込むとできあがりである。ジャガイモはマシュマロのようにスポンジ状になり、スープといっしょに食べると、体が温まり、わたしたち日本人が食べてもおいしい。

蒸したジャガイモを食べているシェルパの人たち.すりつぶしたトウガラシにつけて食べている.

このリルドゥックとは逆に、ジャガイモのもっとも簡単な料理は、ジャガイモを蒸したものである。簡単な料理だけに、夕食として食べるほかに、お腹がすいたときの軽食としても利用する。これには、ふつう、ネギやトウガラシをつぶしたチャルダ、これにトマトを加えて煮込んだソースをつけて食べる。蒸したジャガイモを山のように皿に盛り、みんなでチャンを飲みながら食べる。

パンカルマのジャガイモは形が不揃いで見た目はよくないが、少し甘みがあり、味もよい。自家製の堆肥を使い、いわゆる有機栽培をしているからであろう。日本のように化学肥料を使うと収量は増えるが、「水っぽくなる」あるいは「味がボケてしまう」とシェルパの人たちはいう。とにかく、シェルパの人たちの食事を見ていると、「ジャガイモづくし」といえそうなほどジャガイモをよく食べるのである。

食生活の大きな変化

もちろん、彼らもジャガイモだけを食べているわけではなく、大麦や小麦のほか、バターや牛乳などの乳製品などもしばしば食卓に出てくる。しかし、彼らの食事の中心を占めるのは何といってもジャガイモなのである。参考までにパンカルマ村の一家族の一週間分の献立を先の表4-1に示したが、ジャガイモは毎日食べているし、昼も夕方も夜もジャガイモを食べている日さえある。

では、このジャガイモがパンカルマ村に導入されたのは、いつ頃なのだろうか。聞きとった情報によれば、それほど古いことではないらしい。現在、村びとから聞き取って、さかのぼれるのは約五〇年くらい前までだが、そのころの主食はトウモロコシが多かったという。そのトウモロコシもパンカルマ村では寒さのために栽培できないので、谷を下ってシコクビエなどといっしょに購入していたのだそうだ。

その当時は、山間地域で生産されたバター四〇キロほどをカトマンズの近くまで歩いて運び、その運搬料をもらうのが数少ない現金収入のひとつであった。そして、そのお金でトウモロコシやシコクビエを買い、食料の不足を補っていたという。コメを買うこともあったが、高価なので食べるのは葬式などの特別なときに限られていた。もちろん、パンカルマ村でも作物を栽培していなかったわけではない。ジュンベシ在住が六〇年以上になるペンバ・ラマ氏の情報によれば、当時のパンカルマ村では小麦、大麦、ソバ、カブ、ジャガイモなどを栽培していたという。そして、ペンバ・ラマ氏の情報によれば、ジャガイモがパンカルマ村に導入されたのは今から五〇年ほど前のことだったそうだ。

ただし、そのジャガイモは小さくて生産性が低く、とても主食にはならなかったようだ。実際、パンカルマ村の六〇歳あまりの女性の話によれば、「むかしは、小麦やジャガイモを収穫したあと、翌年の植えつけ用の分を取りのぞくと、もう食べる分はあまり残らなかったものだ」という。そこで主作物だけでは食料をまかないきれず、山野にある野草も利用していたのだった。そのなかでも、野生のサトイモのなかまであるナンミトワやテンナンショウなどをさかんに利用し、とくにナンミトワをよく利用して食べたという情報もある。

ナンミトワもテンナンショウも一般の日本人には馴染みがないと思われるので、ここで簡単

テンナンショウのイモの加工．汁が手に触れるとかゆくなるので，ビニール袋で手を覆っている．

に説明を加えておこう。ナンミトワは、日本でも九州南部や沖縄などに分布するリュウキュウハンゲの仲間で、親指ほどの大きさのイモが食用になる。ただし、これを煮て食べると口の中いっぱいにエグ味が広がって大変なことになるので、面倒な毒ぬきの処理が必要になる。また、テンナンショウもナンミトワと同じサトイモ科の野生種であり、地下に大きなイモをつける。ただし、これも有毒であり、やはり複雑な毒ぬきの処理が必要である。そのため、どちらも現在は救荒食的に使われている。

このナンミトワやテンナンショウをあまり食べないですむようになったのは、収量の高いジャガイモ栽培の品種の普及によるようだ。これは農業普及員の貢献も大きく、それはパンカルマ村周辺の畑を見ていてもわかる。そして、ジャガイモをさかんに食べるようになったのは、いまから二〇〜三〇年ほど前のことらしい。実際、このころからジャガイモを大量に貯蔵するようになったという人もいる。わたしたちが居候させてもらった家でも、二〇枚以上も畳が敷けそうな広い部屋にジャガイモがうずたかく積まれて、気温が低いおかげで春ごろまでは毎日のようにジャガイモが食べられるのだそうだ。

こうしてみてくると、ジャガイモの導入がパンカルマの村びとの食生活を大きく変えたことは間違いないようである。そのため、エグ味の強い野生のイモを苦心して調理し、食べなくてもすむようになったのであろう。ジャガイモの影響はこれだけにとどまらない。生産性の高い品種の導入などによって、自分の家の食事をまかなうだけでなく、余剰の収穫物を売ることができ、それで現金収入を得ることもできるようになったのである。

実際、ジュンベシ村から少し下ったナヤ・バザールの市場ではジャガイモを売るシェルパの人たちの姿をよく見かける。また、ジュンベシ谷をくだった中間山地帯にあるオカルドゥンガでも、さらには亜熱帯低地にあるルムジェタールでも、やはり様々な村のシェルパの人たちが列をなしてジャガイモを売っている。このことは、パンカルマ村以外のシェルパの村でもジャガイモが大量に栽培され、そのなかにはジャガイモを換金作物として栽培する者も出現してきていることを物語るのであろう。

市場でジャガイモを売るシェルパ女性

シェルパ社会の食卓革命

これまで述べてきた報告は、もっぱらパンカルマ村で得た資料にもとづいている。また、シェルパの食事の内容については、わたしたちが滞在していた一軒の家で観察した資料によるものがほとんどである。したがって、この資料がシェルパ社会一般にどの程度共通するものなのかという疑問が生じるかもしれない。

しかし、先にみたように、クンブ地方でもジャガイモが主食になっていることは人類学者たちも指摘している。しかも、クンブ地方でのジャガイモ栽培の歴史は浅いのに、ジャガイモの導入によって食料供給が安定したことも知られている。ジュンベシ谷でも、食料事情が好転したのはジャガイモの導入が大きかったようだ。そして、それは二〇～三〇年ほど前のことだったという。それでは、このような大きな変化を引きおこした原因は何であったのか。三〇年ほど前にジュンベシ谷で何が起こったのか。いまから三〇年ほど前といえば、一九六〇年代の後半のことになる。それで、すぐに思いつくことがある。

それは、ヒマラヤの登山ブームとそれにつづくトレッキングの流行である。じつは、ネパール政府は一九六九年にそれまでの登山禁止の政策を変え、登山を解禁した。その結果、堰を切ったように登山隊がヒマラヤに押し寄せたのである。なかでももっとも多くの人が押し寄せたのが世界最高峰のエベレストのあるソル・クンブ地方であった。

たとえば、日本山岳会がエベレストに大規模な登山隊を送り込んだのも一九七〇年のことであった。ガイドとしてのシェルパやポーターたちも含めると一〇〇〇人にもおよぶ大部隊である。その後もエベレストに向かう登山隊は切れ目なくつづいた。また、登山を目的としないトレッキング目当ての観光客も多数やってくるようになった。こうして、カトマンズからエベレストのベースキャンプに向かう道は「エベレスト街道」とよばれるほど多数のトレッキング客でにぎわうようになり、ジュンベシ村もその中継点となったのである。

　このような大部隊の登山隊や多数のトレッキング客の出現はシェルパの人びとの暮らしにも大きな影響を与えたにちがいない。ソル・クンブのような山岳地域に住むシェルパの人びとにとって山岳ガイドやポーターとして働くことがほとんど唯一の現金収入の手段だったからである。こうして得た現金で、まず彼らはウシを購入したという。生活に余裕ができてくるようになると、それまでは売っていた仔ウシを自分の家で飼育するようになり、少しずつ家畜の頭数を増やすようになった。実際に、ジュンベシ谷では二〇～三〇年ほど前から家畜の頭数が増えたといわれている。

トレッカーたちのキャンプ地．左手後方にエベレストの頂上が見える．

　この家畜の増加は、農業にとって不可欠な肥料を供給することになる。先述したように、家畜の糞尿を枯れ葉などと混ぜて堆肥をつくることができるからである。自家製の堆肥が十分に供給されるようになると、農作物の単位面積あたりの収量もあがってくるようになる。このような状態になったところで生産性の高いジャガイモ品種も導入されたのであった。こうしてパンカルマ村でも安定的な食料供給の方法が確保されるようになったのであろう。

飛躍するジャガイモ

これまでネパール・ヒマラヤのなかでソル・クンブ地方に焦点をあててジャガイモと人間の関係をみてきた。最後に、これをネパール全体でみておこう。近年、ネパール全体でもジャガイモ栽培の面積は飛躍的に拡大しているからである。これは、一九七〇年代に始まった国のジャガイモ開発プロジェクトの影響が大きい。種イモの質の改良をはかった結果、栽培面積もその利用も急速に拡大したのだ。すなわち、一九七五年に三〇万トンであった収量が二〇〇六年には一九七万トンにまで増加したのである。その結果、現在、ネパールではジャガイモはイネに次いで重要な作物になり、一九九〇年にくらべて消費量も倍増し、一人あたりの年間のジャガイモ消費量は五一キログラムに達している。

また、先述したソル・クンブ地方のジャガイモは標高三〇〇〇〜四〇〇〇メートルの高地で栽培されているが、ネパールの南部には標高二〇〇メートル前後の低地もあり、そこでもジャガイモは栽培されるようになっている。ただし、ジャガイモの栽培適地はやはり冷涼な高地であり、標高二〇〇〇メートルあたりから三〇〇〇メートルあたりの丘陵地での主作物になっている。そして、低地部で消費されるジャガイモの多くはこの丘陵地から供給されるのである。

ここで、ついでにネパールの南に隣接するインドについても言及しておこう。現在、インドは、中国、ロシアにつぐ世界第三位のジャガイモ大量生産国であり、二〇〇六年の生産量は二四〇〇万トンに達しているからだ。ただし、インドでジャガイモが大量に栽培されるようになったのはさほど古くはなく、一九六〇年頃かららしい。実際に、一九六〇年から二〇〇〇年までにインドのジャガイモ生産量は、主として都市部の需要を満たすために八五〇％も増えたのである。ただし、インドでもジャガイモの栽培は冷涼な気候を求めて一〇月から三月までの冬のあいだに集中する。

このようにインドでもネパールでも、近年ジャガイモの栽培面積は急速に拡大している。後述するように、これはインドやネパールだけではなく、発展途上国全体に共通する現象である。今やジャガイモは様々な偏見から解き放たれ、大きく飛躍する時期を迎えているのである。

第5章

日本人とジャガイモ

——北国の保存技術——

人力によるジャガイモのデンプン加工．北海道山越郡八雲村．
『馬鈴薯澱粉に関する調査』1917年より．

江戸時代に伝来

ジャガイモの故郷のアンデスからみれば、日本は地球の反対側に位置するが、この日本にもジャガイモはかなり早い時期に伝えられたとされる。通説では「慶長三年(一五九八)にオランダ船によってジャワ島から長崎にもたらされた」とする一方で、天正四年(一五七六)だとする説もある。もし、そうだとするとジャガイモがスペインに渡来してから二〇~三〇年のあいだに地球を半周して日本に到達したことになる。しかし、ヨーロッパでジャガイモが作物として認められるようになるまでに長い年月がかかったことを考えれば、一六世紀に日本に渡来したとは考えにくい。

後述するように、江戸時代の後期にはジャガイモについての記述が文献に見られるようになるので、江戸時代にジャガイモが伝来していたことは間違いない。そうであれば、鎖国令がしかれ、オランダ人を長崎出島に強制移住させた寛永一八年(一六四一)以降が妥当な時期であろう。オランダは、一六〇二年にジャガタラ(現在のジャカルタ)に東印度会社を設立し、東洋貿易の拠点にしていたので、彼らがオランダからジャガタラ経由で長崎に持ち込んだのではないかと考えられるのである。

実際に、時代は少し下るが蘭学者の大槻玄沢《おおつきげんたく》は著書の『蘭畹摘芳《らんえんてきほう》』（一八三二）のなかで、ジャガイモの図を示すとともに次のように述べている（図5-1）。

按《あん》ニ和蘭《オランダ》船上咬𠺕吧《ジャガタラ》産ヲ我長崎へ到セル故ニ当時ジャガタライモト土人漫称《まんしょう》セルノ通名トナリシナルベシ

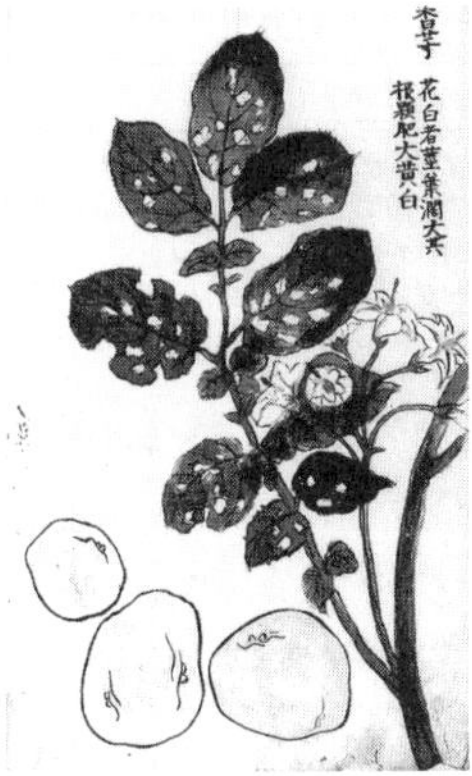

図 5-1 『蘭畹摘芳』に描かれた香芋（ジャガタライモ）（東京国立博物館蔵）Image: TNM Image Archives

これがオランダ船によって長崎にジャガタラ産のジャガイモが伝えられたことを記載した最初の記録であり、ジャガイモという呼称もジャガタライモに由来することを示唆するものとなっている。ただし、『長崎ジャガイモ発達史』を著した月川雅夫氏の調査によれば、江戸時代にはまだジャガイモという呼称は使われておらず、多くの人がジャガタライモとして記載していた（表5-1）。なお、この表によればジャガタライモとともに馬鈴薯《ばれいしょ》という呼称も少なくないことがわかるが、馬鈴薯という呼称については長い論争があり、今もって決着のついていない問題である。

表 5-1　江戸時代の文献にみるジャガイモの呼称[月川 1990]

年　　次	文　　献	呼　　称
寛政10年(1798)	「最上徳内文書」	ごしょいも
文化元年(1804)	曽占春『成形図説』	種八升芋, 香蘋
〃　5年(1808)	「長崎奉行関係文書」	芋
〃　(〃)	小野蘭山『耋筵小牘』	馬鈴薯, ジャガタライモ, 甲州イモ, 清太夫イモ, 伊豆イモ, 朝鮮イモ, アカイモ
文政元年(1818)	岩崎常正『草木育種』	馬鈴薯, せうろいも, ゑぞいも, おらんだいも
天保2年(1831)	大槻玄沢『蘭畹摘芳』	瓜加太剌芋, ジャガタライモ, 八升イモ, 香芋, 清太夫イモ, キンカンイモ, アゝルダップル, ダップラ
〃　3年(1832)	佐藤信淵『草木六部耕種法』	馬鈴薯, ジャガタライモ
〃　7年(1836)	高野長英『救荒二物考』	馬鈴薯, ジャガタライモ, 甲州イモ, アップラ, ちゝぶいも, 清太夫いも, 八升いも, かっねんいも, じゅみゃういも, ていぞういも
嘉永3年(1850)	宮本定正『甲斐の手振』	清太夫芋
〃　7年(1854)	「長崎奉行所文書」	咬嵧吧芋
安政3年(1856)	飯沼慾斉『草木図説』	馬鈴薯, ジャガタライモ
文久元年(1861)	岡田明義『無水岡田開闢法』	馬鈴薯, 岡田米
慶応元年(1865)	大坪二市『農具揃』	馬鈴薯, 遮《ジャ》伽《ガ》佗《タ》羅《ラ》藷《イモ》, 善太夫薯, センダ芋, 信州薯

その発端は、江戸時代におけるわが国随一の本草学者である小野蘭山《らんざん》（一七二九―一八一〇）がジャガタライモを馬鈴薯と同定したことに始まる。その後の文政八年（一八二五）に、先述した大槻玄沢や栗本丹州《たんしゅう》らが、ジャガタライモは馬鈴薯ではないという批判を行なった。つまり、彼らによれば「馬鈴薯は黄独《けいも》（ヤマノイモ科のニガカシュウのこと）であって、ジャガタライモではない」としたのである。

その後も、この問題は先述したように決着がつかず、論争はつづいている。そのため、現在もジャガイモと馬鈴薯はともに並行して使われている。実際に、私自身も本書でジャガイモを使うか、馬鈴薯を使うか、迷ったが、前者の方が一般に広く使われていると判断して、引用部分以外はジャガイモを使うことにしたのである。

やや横道にそれたが、ジャガイモは江戸時代に徐々に日本各地に広がっていった。たとえば、安永四年(一七七五)にオランダ船の船医として来日したツンベルクは、長崎の出島に滞在したほか、江戸参府も行ない、植物の採集や風俗習慣などの調査をして、帰国後に旅行記を刊行したが、そのなかで長崎付近のジャガイモについては、「馬鈴薯の栽培も試みられてはいるが成功していない」と記述している。

日本各地へ

このあと、長崎に渡来したジャガイモは日本各地に広がっていった。記録による限り、長崎のあと、真っ先に栽培されるようになったのは当時の蝦夷《えぞ》、現在の北海道である。その最初の記録によれば、宝永三年(一七〇六)五月、瀬棚《せたな》村(現在瀬棚郡せたな町)で「高田松兵衛唐鍬《からくわ》ヲ使イ海岸干場ニ、大根、馬鈴薯ヲ蒔《ま》ク」とある。ただし、先述したようにこの馬鈴薯がジャガイモであったのかどうかは、疑問が残る。もっと確実な記録としては、探検家の最上徳内《もがみとくない》によるものがある。彼は天明六年(一七八六)蝦夷地に渡った時、ジャガイモを持参し、虻田《あぶた》(現在虻田郡虻田町)で栽培させた。その後の寛政一〇年(一七九八)に徳内は、幕府の蝦夷地視察の一員として同地に渡った近藤重蔵を通じて、自分が持って行ったジャガイモのその後について問い合わせたところ、ジャガイモは虻田の蝦夷達をはじめ、通詞《つうじ》や番人達も栽培しているとのことであった。

この北海道にはロシア人がジャガイモを伝えたとする説もある。時期は寛政年間(一七八九〜一八〇〇)のことで、ジャガイモは蝦夷芋とよばれた。したがって、本州には北海道および長崎からジャガイモは広がっていったと考えられる。

北海道で最初にジャガイモが栽培された地域(地名は現在のもの)

ところで、日本ではヨーロッパでみられたようなジャガイモに対する偏見はなかったのだろうか。ジャガイモには毒があるという噂こそあったものの、日本にはもともとジャガイモの導入以前からヤマイモやサトイモなどのイモ類があり、それらに類似するものとしてジャガイモを容易に受け入れたようだ。また、「聖書に出てこない作物」などという宗教的な偏見もなかった。さらに、江戸時代の日本ではジャガイモを受け入れる素地もあった。それは、ヨーロッパと同じように、当時の日本でも飢饉があいついでいたことである。

江戸時代の飢饉としては、一六四〇～四四年の寛永の飢饉、一七三二年の享保の飢饉、一七八二～八七年の天明の飢饉、そして一八三三～三六年の天保の飢饉が四大飢饉として知られるが、このほかにも飢饉はあった。とりわけ東北地方では一七五五年の宝暦の飢饉のほか、冷害にも頻繁に苦しめられていた。このような状況のなかで、蘭学者である高野長英（一八〇四～五〇）は有名な『救荒二《に》物考《もつこう》』を著し、ジャガイモ栽培の促進をはかった（図5-2）。二物考の二物とは、気候不順でもよく育つソバと暴風雨に強く栽培も容易なジャガイモのことであり、これらについて長英は次のように記している。少々長くなるが、当時の状況を知る上で貴重なものなので、以下に現代語訳で引用しておこう。

図5-2 高野長英と『救荒二物考』

今年の八月中旬、私は上野国沢渡《さわたり》（現群馬県吾妻郡中之条町沢渡温泉）に住む福田宋禎《そうてい》に会った。宋禎の家は代々外科医として大変医術に精通しており、また、オランダの医学書を読んでその医術をよく研究している。私はかねてから親しく交際している。話に花が咲いたある夕べ、福田は一つかみのそばの実を私に示して、「おおむね人々が凶荒の年に死ぬ原因は、食料不足からである。しかも食料不足の原因は、一年に何回も収穫できる作物がないからである。このそばは一年に三回収穫できる。これこそ人々を救う大きな宝ではないか」といった。私は驚き、感謝していった。「北の果ての国は、穀類を選ぶとき、早熟の作物を選ぶという。これを暖地に移植すれば一年に二度、三度と成熟するはずだ。私がこれを欲しがっていた理由は、この種子を日本に移植して食料を増やし、飢餓を防ごうと思ったからである。私はかつてこれを遠くにあるものとして求めていたが、今や近くで得ることができた。これは君からの贈物であるが、じつは天からの賜物である。よろこんでいただこう」。

その後また、同国伊勢町の柳田鼎蔵《ていぞう》という者が、芋の一種を贈ってきた。これを見るとその形はところ(ヤマノイモ科の多年生蔓草)のようであり、またほどいも(マメ科の多年草)のようだ。これは一般にじゃがいもと呼ばれている。すなわちオランダ語でいう「アールド・アップル」である。これを焼いて食べてみると、やまいものように淡白で、さつまいものように甘い味がする。さらに滋味と粘り気があり、無毒で日常の食として十分通用する。オランダでもこれを常食とするところがある。しかもさつまいものように寒さに弱くない。寒地や熱い国にかかわらず、荒野でもやせ地でも、一根から数十塊を得ることができる。

私はこの二種類の作物を得て、よろこびに堪えない。凶荒の年に人民を救い、その後生じる疫病を防ぐのに、これ以上のものはない。よってこれを各地に頒布しようと思い、ひそかに社友に相談したところ、みなよろこんで賛成して、「飢饉にさいし、米倉を開いて人民を救済しても、わずかに一村一町を救うにすぎないが、この計画はまさに広く全国、後世に及ぶものであり、その功徳《くどく》は非常に大きい。延期や中止があってはならない」といった。

このあと長英は、ソバとジャガイモの栽培方法や調理方法、貯蔵方法も紹介している。とくに、ジャガイモについては製粉の方法、さらに焼酎の造り方まで述べている。なお、長英は『救荒二物考』を刊行した二年後に『夢物語』を著して幕府の撃攘策に反対したが、『救荒二物考』の図を描いた渡辺崋山とともに逮捕され、幕政批判の罪で永牢(無期禁固)の判決をうけた。後に脱獄したが、結局、捕吏《ほり》に襲われて自害した。

このような長英たちの努力もあってか、ジャガイモは江戸時代の半ば頃から後期にかけて日本各地で栽培が始まっていった。ただし、同じアメリカ大陸原産のサツマイモが主として西日本に普及したのとは対照的に、ジャガイモは東日本に普及していった。サツマイモは暖地を好み、また旱害や風害に強いのに対し、ジャガイモは冷涼な地に適していたからであろう。

実際に、北海道以外では、飛驒(大部分は岐阜県、以下同)、甲斐(山梨県)、上野(群馬県)、羽後(秋田県)、陸前(宮城県)など、関東から東北にかけての地域で比較的早くからジャガイモ栽培が始まっていたことが知られている。

たとえば、甲斐には一八世紀後半に中井清太夫《せいだゆう》という代官がジャガイモの普及に努力した。中井清太夫は、徳川幕府の旗本で譜代の家臣であった。安永三年(一七七四)、甲府上飯田の代官となり、以来、甲府・谷村の代官を一三年間歴任した。そのあいだ農民側に立った積極的な行政を推進し、村人から神とあおがれたほどであった。その清太夫の功績のひとつがジャガイモの普及であった。彼は天明の飢饉のおりに幕府に陳情し、九州からジャガイモの種イモを取り寄せ、九一色郷(上九一色村、三珠町下九一色)で栽培させて飢饉食としたのである。さらに郡内地方でも栽培したが、ジャガイモは代用食として喜ばれるようになり、その功績によって、甲斐地方ではジャガイモは清太夫イモ、セイダイイモ、セイダイモとよばれるようになった。

ちなみに、天明の飢饉については『徳川実記』の天明四年(一七八四)四月の項に次のような記録が見られ、飢えにあえぐ村民の様子を伝えている。

こぞの秋(天明三年)よりことしの春にいたり、国々凶荒して米穀乏しく、其価《そのあたい》日ごとに騰貴して、下民等飢しのぐべきたづき(手段)もなく、妻子を捨て他郷に走り、あるは淵河に身を沈む者も数しれず。されど府内は貯蓄多ければ、初はさせるうれいもなかりしが、国々の運送滞りしにより、後食とぼしくなり、市街の貧民等にいたりては、あらぬものまで糧として飢を忍びしという。

この天明の飢饉から数十年を経て天保年間にはジャガイモは甲斐地方でたくさん栽培されていたらしく、次のような記録も残されている。

比土地は気候寒く、九夏、三伏と云えども、たえがたき事知らず。ひとえ衣、重ね着ることなり。朝夕圍爐裏《いろり》にたき火してしのぐ。暑中たりと云えども是をわすれず。(中略)つく芋、自然生あり。また清太夫と云ういもたくさんにあり。花は水仙に似たるが、葉は野菊ににたり。いもはまろく、くりくりとしたり。形はさまざま有。味いくりえかし〔ママ〕うをひとつにもてるに、おもゆる焼て味いよし。

これは天保元年(一八三〇)、武州の人である寛雲老人が甲州の盆地を旅したときの紀行文『津久井日記』に記されたものである。

北海道のデンプンブーム

以上見てきたように、江戸時代も後半になるとジャガイモは北海道や東北地方を中心に各地で栽培されるようになっていた。しかし、記録は断片的であり、どこで、どれくらい栽培されるようになっていたのか詳細は明らかではない。それが明治になると、かなりの様子が明らかになってくる。

まず、図5-3をご覧いただきたい。この図は、明治中期における都道府県別のジャガイモ栽培面積のうち、上位一三の道県を示したものである。この図によれば、北海道をはじめとして東北や信州などでジャガイモ栽培面積の大きいことがわかる。とりわけ、北海道は他の地域を圧倒している。また、青森は五年のあいだに栽培面積が二倍以上に急増していることが注目される。そこで、ここでは北海道と青森に焦点をあててジャガイモと人びとの関係についてみてみよう。

まず、北海道では明治維新になって開拓がすすめられ、早くも明治四年(一八七一)には開拓次官の黒田清隆が渡米、開拓の指導者としてケプロンを招聘するとともに、ジャガイモの新しい品種をもたらし、これを北海道で栽培させた。ちなみに、黒田清隆は、クラーク博士で名高い札幌農学校の設立や、北海道の警備と開拓のための屯田兵制度などの積極的な政策を展開した人物である。このような甲斐があってか、明治元年のジャガイモの輸出量は八万五二九四斤（一斤は六〇〇グラムにあたる）、明治二年に一二万五六〇斤であったものが、明治六年には主として北海道開拓の成果によって九七万四九一〇斤と激増している。

その後も北海道におけるジャガイモ生産は拡大をつづけ、明治二〇年（一八八七）に三〇〇〇町歩あまりであったジャガイモの栽培面積は五年後の明治二五年には五〇〇〇町歩あまりに達した。また、明治四〇年（一九〇七）には函館郊外に農場をもつ川田龍吉男爵がアメリカから種イモを取り寄せ、そのなかの「アイリッシュ・コブラー」という品種が早熟多収で、しかも北海道の風土にあっていた。そのため、この品種は北海道全土に広がり、後に日本全土にも広がった。この品種こそは、現在も日本で最も広く栽培されている「男爵イモ」である。

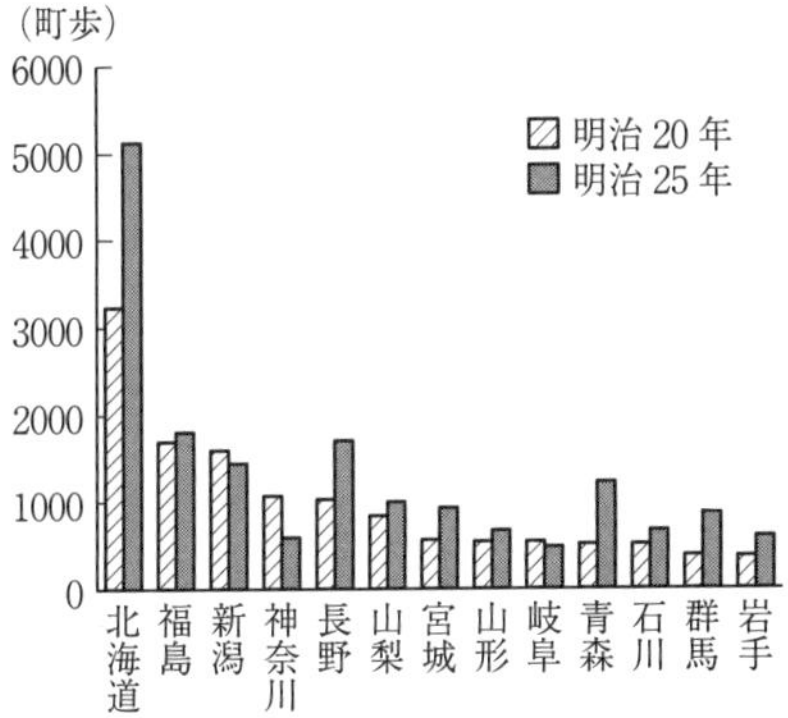

図 5-3　都道府県別ジャガイモ栽培面積（上位 13 の道県のみを示す）．［月川 1990］より作成．

当時のジャガイモの主な食べ方は塩煮であったようだ。また、ジャガイモを煮てから団子にして食べたり、囲炉裏の熱い灰の中で丸焼きにする食べ方もあった。このようにして自家消費しているうちは問題とならなかったが、生産量が増え、商品化するようになるとジャガイモの特徴が大きな問題としてうかびあがってきた。

それは、ジャガイモは水分を多量に含んでいるため重く輸送に不便なことである。さらに腐りやすく、芽が出ることも問題であった。こうして北海道で始まったのがジャガイモデンプンの生産であった。ジャガイモのデンプン生産は、ジャガイモのデンプンの比重が一・五と重くて水の中では沈殿するという簡単な原理を利用したものである。そのため、デンプンをつくることは早くから行なわれており、明治一一年(一八七八)には開拓使によってジャガイモデンプンの生産が試みられていた。ただし、当初のデンプン生産は自家用を目的とした自給的性格のものであり、やがて国内需要の増大とともに換金を目的とする企業的経営が始まった。

デンプン生産が本格的になるきっかけを与えたのが、日清戦争を経て発展した繊維産業であった。紡績用の糊《のり》としてデンプンの需要が増加したのである。その結果、明治三〇年以降、道内各地に多くのデンプン工場がつくられた。これに拍車をかけたのが大正三年(一九一四)の第一次世界大戦の勃発であった。当時、オランダ、ドイツからジャガイモのデンプンを輸入していたイギリスやフランスが輸入をとざされ、かわりに北海道のデンプンが輸出されたのである。その結果、大正元年当時一箱五円のデンプン価格は、同四年には一五円に高騰し、さらに七年に至っては一七円九〇銭と最高値を示し、「デンプンブーム」「デンプン景気」が到来したのである。そのため、デンプンを生産する工場も急増し、大正元年に一万足らずだったものが、大正四年には一万四〇〇〇(図5-4)、最盛期の大正七年には二万近くになった。これにともないジャガイモの作付面積も大幅に拡大した。

なお、この工場数については注釈を要する。たとえば、大正五年の工場数を動力別にみると、「人力」によるものが一万二九八一、「水車」が一二七一、「馬力」が四九〇、「発動機」が八三、「汽力」が三一、「電力」によるものが七となっている。このうち人力によるものが最も多く一万三〇〇〇近いが、これらは主に自家製造家で、販売を目的とするものは一〇〇戸に満たなかった。したがって圧倒的に自家製造の多かったことがわかる。このことから、実質的に工場といえるものは、一八八二戸(一一・七%)であった、ということになる。

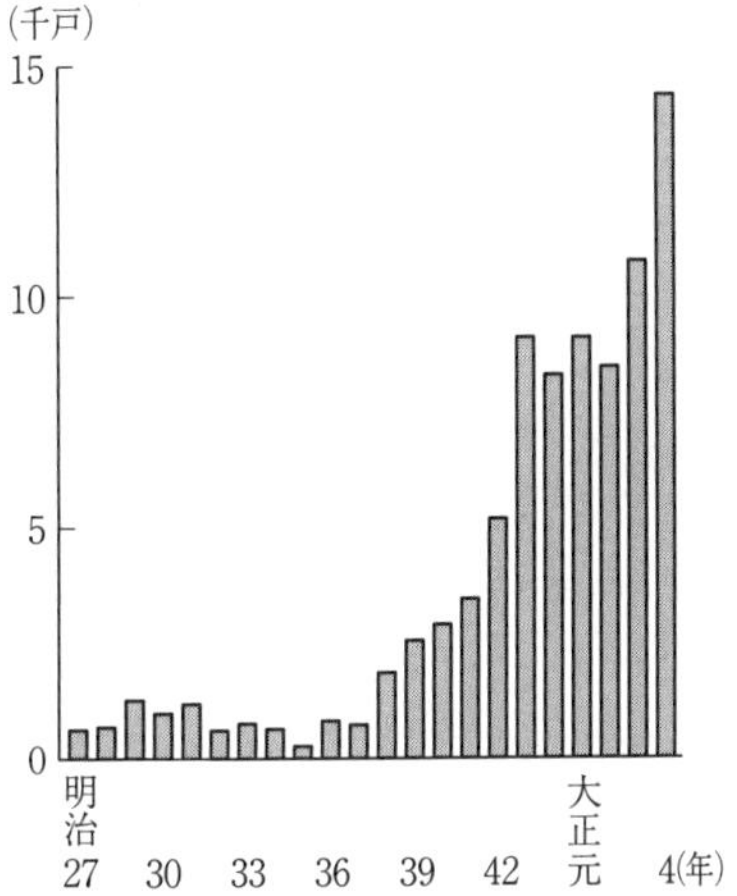

図5-4　ジャガイモデンプンの製造戸数
[北海道庁内務部 1917]より作成

ただし、動力の種類は異なっていても、デンプンの製造方法は基本的におなじであった。図5-5にジャガイモのデンプンの製造工程を示したが、この流れは、人力であれ、発動機であれ、変わらない。ここでジャガイモのデンプン製造技術を研究している中原為雄氏の報告によって、簡単に各工程について説明を加えておこう。「磨砕」は、磨砕ロールでジャガイモを摩りおろすこと。「ろ過」は、デンプン粒と粕をとおし分離すること。「沈澱」は、デンプンと不純物を分離すること。「精製」は晒しともいうが、デンプンを溶解して沈殿させ、良質の一番粉と純度の低い二番粉に分離すること。「生粉砕」とは、精製後に水をぬき塊状になった生粉(水分を五〇%ほど含む)を乾燥室に入れ、乾燥効果をあげるため小豆程度に砕くこと。「乾燥」工程を経て水分が一八〜二〇%の末粉デンプン(精粉をしていないデンプン)が得られる。これが精粉工場にまわされ精粉されるのである。

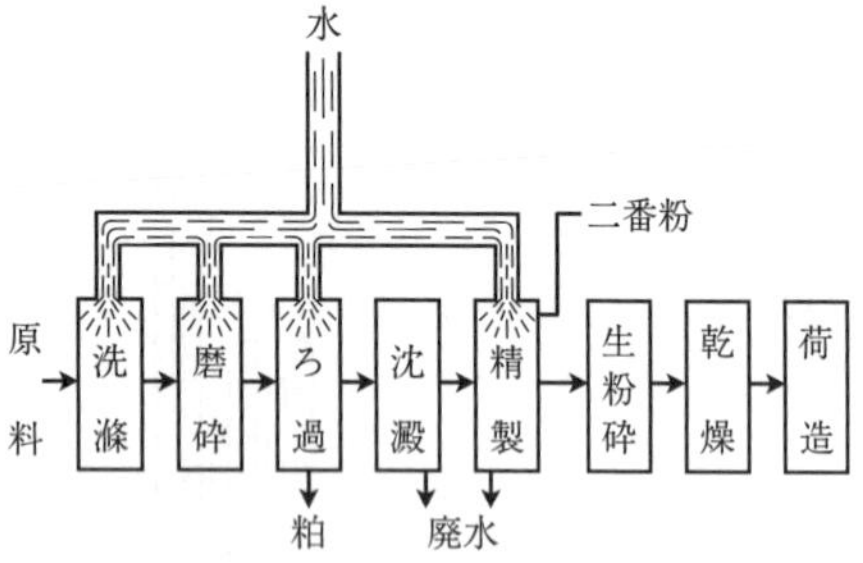

図5-5　ジャガイモデンプンの製造工程図〔中原 1986〕

さて、一時期北海道を席巻したデンプンブームであったが、このブームは第一次世界大戦の終結とともに終焉した。その結果、デンプン価格は暴落、その価格は半値以下となり、倒産する者もあいついだ。そのため、デンプン工場もほとんど姿を消した。

その後、北海道には第二次デンプンブームが到来する。第二次世界大戦末期から昭和二四、五年頃のことである。この頃は、食糧不足のためにデンプンを主食代わりにすることが多かったし、甘味食品が欠乏していたことから製飴原料としてもデンプンの需要が急増したのである。当時、一袋一三〇〇円内外のデンプンが、闇値では三〇〇〇円にもなった。こうして、ジャガイモ生産者のあいだで、再びデンプン工場の設備の改良や拡張をともなう増産の傾向が強まった。このデンプン工場の拡張については、知床の斜里でデンプン工場を経営し、二〇〇七年八三歳で亡くなられた平岡栄松さんに当時のことを伺ったことがある。それによれば、デンプンの加工には大量の水が必要となるため、知床の斜里を流れる斜里川沿いにはデンプン工場が林立し、その光景は壮観だったそうだ。しかし、やがて大規模な合理化デンプン工場が建設され

ジャガイモの洗滌作業.
北海道更科郡更科町神野でんぷん工場にて.

在来工場におけるジャガイモデンプンの乾燥作業.
北海道斜里郡斜里町平岡澱粉工場にて.

たことにより、零細な在来工場のほとんどは合理化工場に吸収され、消滅していった。

青森県への普及

北海道の南に位置する青森ではジャガイモ栽培の普及は遅々たるものであった。その当時の状況をよく物語る記録が残されている。明治一八年(一八八五)六月、下北郡長が西通《にしどおり》を巡回の際に、その頃奨励を始めたジャガイモの栽培状況を視察したが、各村の栽培状況について『下北半嶋史』のなかで次のように記録しているのだ。

脇野沢村《わきのさわ》　少しく栽培する
小沢村　脇野沢村に同じ
蠣崎村《かきざき》　少しく栽培するも、小児の間食とする程度である
宿野部村《しゅくのべ》　一切栽培せず
檜川村　少しく栽培する
川内村　馬鈴薯は盗難あるを以って栽培せず
城ケ沢村《じょうがさわ》　極々少々栽培す
大滝村　城ヶ沢村に同じ

大平村　栽培するも小児の間食とするに過ぎず

このように、当時、下北半島ではジャガイモはほとんど栽培されていなかった。しかし、『下北半嶋史』によれば、明治二三年(一八九〇)にはかなり普及するようになり、やがて「農漁村ともに馬鈴薯を昼の代用食に充てた」とされる。

また、明治二五年に刊行された小林寿郎著の『勧農叢書　馬鈴薯』にも興味深い記述がある。小林は旧斗《と》南《なみ》藩士で、種馬を購入するために渡米、その見聞録が同書「緒言」の中に記されている。すなわち、「彼国農業ノ実況ヲ察スルニ大ニ見ルベキモノアリ」と記すとともに「其生計ノ高尚ナルニハ実ニ驚カズンバアラズ」とアメリカの発展ぶりに驚いている。さらに、「其常食ハ麦ト馬鈴薯ヲ主トス」とも述べ、ジャガイモの普及を勧めている。

そして、青森については次のように述べている。

明治十年ノ頃、始メテ吾郡ニ入リ漸《ようや》ク栽培ヲ試ム

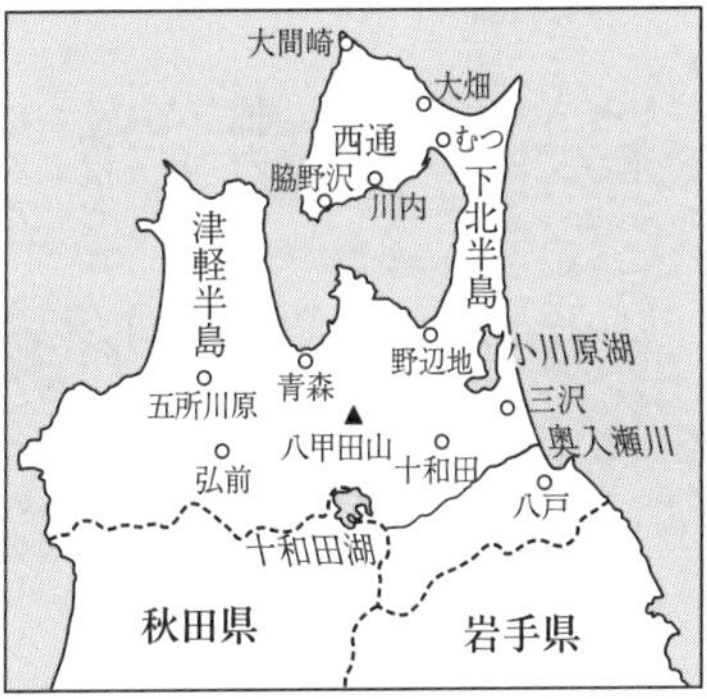

青森県概略図

モノアリト雖《いえ》トモ甚《はなは》ダ少シ。十七年諸穀不登、民食ノ欠乏ヲ告グルニ至ル。(中略)地方ヲ巡視セルノ年ニシテ、吾郡民《わがぐんみん》ガ草根ヲ掘採シテ食資ト為スノ惨状ヲ見ルノ秋ナリ。於之《これ》十八年春、当時之郡長小林歳重氏、郡会ノ評決ヲ経テ早熟種百数十石ヲ北海道ニ仰ギ、之ヲ郡内ニ配布シ、其栽培ヲ勧誘セリ。

この「緒言」のあと、ジャガイモの品種、ジャガイモ栽培に適した土壌や気候、さらに肥料、病虫害、調理法などについても詳しく紹介している。とくに、調理法については多くのページをさき、二〇あまりの料理法のほかに、酒や醬油、味噌、デンプンなどの製造法についても述べている。このなかで、ジャガイモデンプンについては「澱粉製造器械」として図まで示し、その製造法を詳しく紹介している。ジャガイモは水分が多くて腐りやすく、それを克服するための工夫であったのだろう。

カンナカケイモと凍みイモ

ちなみに、この「澱粉製造器械」は下北半島では昭和の初期頃までさかんに使われていたらしい。現地で得た情報によれば、この「器械」はカンナカケと称され、それでつくられたデンプンはカンナカケイモとよばれて、ケガジ(凶作)のときの大切な保存食とされた。そのため、冬のあいだ食べるジャガイモを除いて残りは全部カンナカケイモにしたほどであったとされる。その技術を知る人も今ではほとんどいなくなったため、最近、カンナカケイモをよみがえらせようとする動きがあり、それによって私もカンナカケの道具やその製法を知ることができた。参考までに私の観察によって、その道具と製法を紹介しておこう。

カンナカケは、その名前どおり、大工道具のカンナの刃を三枚埋めこんだ板の上をジャガイモを入れた箱をスライドさせて薄く切る道具である。先述した『勧農叢書　馬鈴薯』に示された図では、ジャガイモをすりおろすロールがついているが、これが改良され、カンナの刃がつけられているのだ。このカンナをかける前にジャガイモは水でよく洗い、水を切っておく。このあと、薄切りにしたジャガイモを樽などに入れ、水を加えて、よくもみ洗いしてデンプンを洗い落とす。このデンプンを一日二回くらい水をかえ、赤い水が出なくなるまで二、三日水晒しをし、五、六時間沈殿させる。このあと上水を一気に捨ててからデンプンをとり出し乾燥させる。一方、うすくスライスしたジャガイモも樽の中に入れ、やはり赤い水

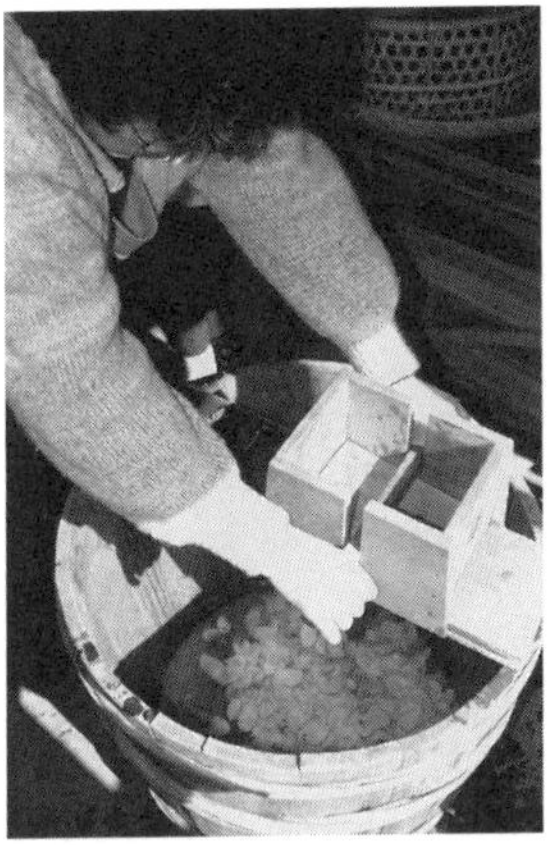

カンナカケでイモをスライスする．青森県むつ市大畑町にて．

が出なくなるまで水晒しをする。そのあと脱水機などで水切りを行ない、天日か乾燥機で十分に乾燥させる。これがカンナカケイモとよばれるものであり、状態さえ良ければ数十年間の貯蔵に耐えるものとなる。ジャガイモは煮てから食べることもあったが、このようにしてデンプンをとって、それで団子や餅などを作って食べ、いつでも食べられるように保存しておいたのである。

貯蔵中の凍みイモ．青森県八戸市にて．

　青森では、もう一つ面白いジャガイモの保存食がある。凍《し》みイモがそれである。これは青森の風土をよく物語るものなので紹介しておこう。その加工法は、まず寒さが厳しい大寒の頃にジャガイモを野天に放置する。上下左右をひっくりかえしてイモを完全に凍結させる。このあと湯につけて皮をむき、それを川の流水に二、三日つけて晒す。つぎにイモを針でとおしてヒモに一個ずつ結びつける。このとき、ヒモには結び玉をつくり、十分に乾燥するようにイモとイモがくっつかないようにする。このヒモにとおした状態で、さらに一週間ほど流水につけて水晒しをする。水晒しでアクがなくなれば、風雨をさけて屋外で凍結したままの状態で三カ月ほど放置する。最後は、軒下などの風通しの良い場所に吊るして一カ月ほど自然乾燥させる。これが凍みイモとよばれる貯蔵食品で、今から六〇年ほど前の最盛期には奥入瀬川などでは水晒しをする人が列をなしたほどであったといわれる。

とにかく、明治の後半から大正初期にかけて、『青森県地誌』によれば「主要畑作物にして著名なるは馬鈴薯となす」といわれるほど、ジャガイモは青森でも広く普及するようになっていた。

文明開化とジャガイモ

このように北海道や青森などでは、ジャガイモがかなり早い時期から日常食として定着するようになったが、それは日本のなかではまだ一部地方に限られていた。そのため、明治二五年には先述した高野長英の『救荒二物考』が復刻され、あらためてジャガイモの普及がはかられた。日本各地の一般家庭の料理にジャガイモが登場するようになるのは、明治も後半になってからのようである。たとえば、明治三八年に刊行された『家庭和洋料理法』にはジャガイモについて次のように述べられている(図5-6)。

馬鈴薯料理　之れは八升芋又甲州芋とも云う、至って価《あたい》の廉《やす》き物にて四季絶《たえ》ることのな

図 5-6　明治 38 年に刊行された『家庭和洋料理法』. ジャガイモについての記載がある.

い材料である。而《しか》し勿々《なかなか》滋養のある調理仕《し》易《やす》きものなれども、之の特質の風味を知る人が少ない。畢竟《つまり》之《こ》れと云うも余り之の物の調理法を知らぬからである。

　このように明治三〇年代の料理本には、ジャガイモの風味も調理法も知る人が少ないと述べられている。その背景には、ジャガイモの味が淡白で、そのままでは食べにくく、また和食にもあわないという事情があったのかもしれない。それでは、明治の初期に入ってきたといわれるカレーライスに定番のジャガイモは使われていなかったのであろうか。そこで、明治五年に出版された『西洋料理指南』という本を参照してみよう。この本に日本最初と思われるカレー料理の作り方が出ているからである。

　「カレー」ノ製法ハ葱《ねぎ》一茎生姜《しょうが》半個　蒜《にんにく》少許《すこしばかり》ヲ細末ニシ　牛酪《ぎゅうらく》（バター）大一匙ヲ以テ煎リ　水一合五勺ヲ加エ　鶏　海老　鯛　蠣《かき》　赤蛙等ノモノヲ入《いれ》テ能《よ》ク煮、後ニ「カレー」ノ粉小一匙ヲ入《いれ》煮ルコト　西洋一字間（一時間?）、已ニ熟シタルトキ、塩ヲ加エ又小麦粉

大匙二ツヲ水ニテ解《と》キテ入ルベシ

つまり、当時のカレーには肉のかわりに魚や海老、そして蛙まで入れているが、ジャガイモはなく、野菜は葱や生姜がいわばスパイスとして使われているのみである。これは、明治一九年および二六年に『婦女雑誌』に書かれたカレーライスの作り方でもかわらず、次の明治三一年に出版された『日用百科全集』になって、ようやくジャガイモが登場する。

肉を細かく切り鍋に入れて肉がかぶるくらいの水を加えて二十分間煮たら、葱を入れて十分ほど煮る。さらに芋を入れ芋がやわらかくなったらカレー粉、塩、胡椒、とうがらしを混ぜ、少量の小麦粉をば水にてときまぜ……

このあと、明治三六年にはカレー粉も発売されるようになり、急速にカレーライスは普及していった。この背景には、文明開化とともに肉食が普及したことも見逃せない要因である。ジャガイモは肉と一緒に調理されてはじめて、その淡白な味を生かした料理法が出現したといえるからだ。このような点で思い出される料理が「肉じゃが」であろう。この肉じゃがも明治時代には普及するようになっていたとされる。

大正時代になると、もうひとつジャガイモを使った代表的な料理が出現する。コロッケである。実際に、大正時代には「今日もコロッケー、明日もコロッケー、」とうたわれる有名な「コロッケー」の歌も流行する。

このコロッケは、牛肉の挽肉少々に、ゆでたジャガイモをつぶしてまぜ、それに衣をつけて油で揚げたものであるが、挽肉にくらべてジャガイモの量が多いため、イモコロッケともよばれる。さらに大正九年に出版された『馬鈴薯のお料理』には、西洋料理や日本料理など一四四種ものジャガイモ料理がおさめられている。このことは、ジャガイモの普及がすすみ、料理にもしばしば使われていたことを物語っているのであろう。

こうしてジャガイモの年間生産量は、明治三六年(一九〇三)まで二七万トン程度であったものが、三八年には四四万トン、四〇年には五五万トンと五年たらずのあいだに約二倍になっている。そして大正の初めには七〇万トン、大正四年(一九一五)には九六万トン、そして五年には一〇〇万トン、八年には一八〇万トンにまで達したのである。

戦争とジャガイモ

日本におけるジャガイモの生産量は、昭和の初め頃から一〇年あたりまで大きな変動はないが、昭和一五年(一九四〇)頃から急増し、昭和四〇年(一九六〇)にピークに達し、その生産量は

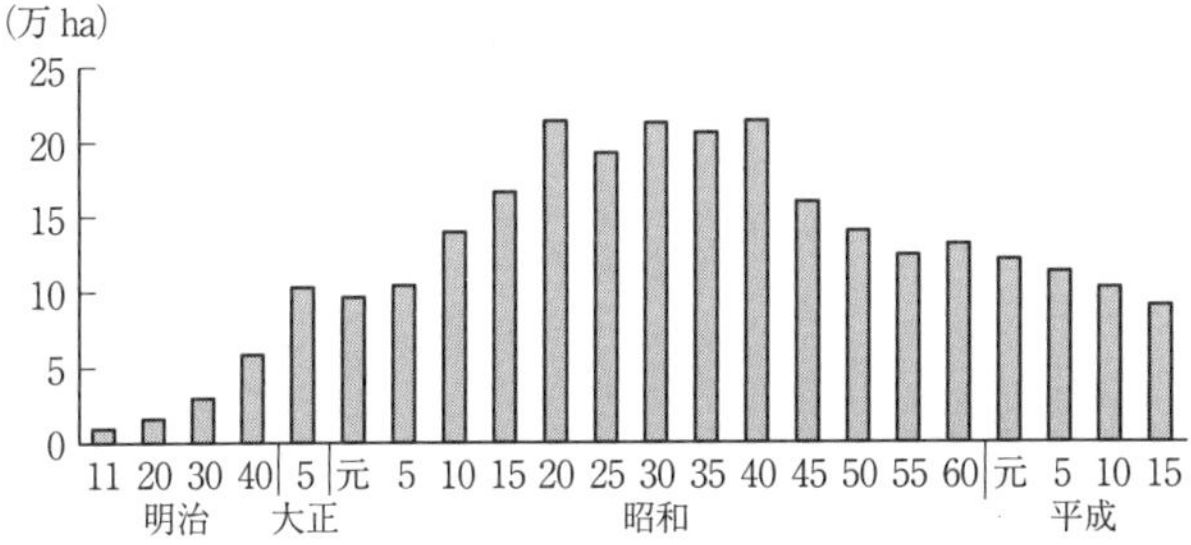

図 5-7 日本におけるジャガイモ生産量の推移(作付面積). 農林水産省統計より作成.

四五〇万トンになった。これを作付面積でみると、昭和一八年に初めて二〇万ヘクタールを超え、そのピークは昭和二四年の約二三万五〇〇〇ヘクタールである(図5-7)。そして、そのあとは漸減してゆく。それでは、この作付面積の増減は何を物語るのだろうか。ほかでもない、戦争の影響によるものであった。

日本は一九三七年に日中戦争に突入、その戦争が泥沼化し、やがて太平洋戦争が勃発する。そのなかで、一九三九年には食糧増産計画が始まった。コメ、麦類、サツマイモ、ジャガイモなどの生産目標が設定され、行政当局などにより増産運動が展開されたのである。しかし、その目標に対する達成率は、一九四三年でコメ八八%、小麦七四%、サツマイモ六九%、ジャガイモ七〇%で大幅に下まわっていた。労働力の不足だけでなく、肥料・飼料・農耕具など、あらゆる生産資材が不足していたからである。

さらに、一九四三年、戦局の悪化と輸送の途絶によって食糧危機は決定的となった。国内のコメ生産量も、四一年の凶作をのぞけば四三年産米まで六〇〇〇万石《こく》(一石は一〇斗、約一八〇リットル)台を維持していたのが、四四年に五〇〇〇万石台に落ち、敗戦の四五年には三九〇〇万石と急落した。このような状況で、国民に真っ先にもとめられたのが「節米」だった。節米とは、コメをできるだけ節約して食べないようにしようということだ。その結果、一九四〇年には国民精神総動員運動の一環として「節米運動」が始まり、週に一度の「節米デー」も奨励されていた。

この節米にむけて大きな力を発揮したのがサツマイモやジャガイモなどのイモ類であった。どちらもコメの代用食になったし、ご飯に混ぜてコメの量を減らすこともできた。さらに、サツマイモもジャガイモも簡単に栽培でき、その上単位面積あたりの収穫量が大きく、しばしば重量で穀類の二倍から六倍に達した。そのため、一九四五年一月の毎日新聞によれば、福田農商相は衆院農林中金法委員会で食糧事情を説明して、「米麦の増産もさることながら、本年は藷《いも》類の増産に最も力を注ぐ方針」と述べた。そして、同日の閣議では「藷類増産対策要綱」が示され、サツマイモ二七億貫(一貫は三・七五キログラム)、ジャガイモ八億五〇〇〇万貫の目標のために、労力、資材、貯蔵設備が優先的に確保されることが決定された。

こうして、空き地や公園、学校の校庭などがイモ類の畑に姿を変えていった。当時のことは、私もかすかに記憶している。京都市内にあったわが家も裏庭をつぶしてジャガイモ畑にしていたからだ。そして、そのジャガイモを蒸かし、塩だけをつけて食べたが、大変おいしかったことも記憶している。

ただし、私より一〇歳くらい上、昭和一〇年前後に生まれた人たちはイモ類に対して別の感情をもっているようだ。来る日も来る日もイモを食べて空腹をしのぎ、生きのびた経験から、イモに対して嫌悪感をもつ人が少なくないのである。たとえば、第2章で述べたように、私はアンデス文明に果たしたジャガイモの役割を重視しているが、それに対して厳しく批判をする年配の研究者もいる。「ジャガイモなんか、イモなんか食って文明ができるか。戦後の代用食のことを思い出すと、あんな、サツマイモ、ジャガイモでは力が入るか」というのだ。

大阪・布施市役所でのジャガイモの配給．1946 年 7 月 6 日撮影(毎日新聞社提供)．

しかし、イモ類に対する好悪の感情は別として、冷静にイモ類の役割を評価すべきであろう。第3章で述べたように、ヨーロッパでもジャガイモは戦争や飢饉の際に大きな貢献を果たした。この事実は、ジャガイモがあまり手間をかけなくても栽培でき、しかも生産性が高いことを雄弁に物語っている。そのため、世界を見渡せば、ジャガイモを主食とし、その栽培のために全生存をかけて取り組んでいる民族もある。それが、ほかでもない次章で述べる中央アンデス高地の先住民の人たちである。

第6章

伝統と近代化のはざまで

——インカの末裔たちとジャガイモ——

アンデス高地(標高約 4000 m)でのジャガイモの収穫．ペルー・クスコ県マルカパタ村．

インカの末裔たち

ペルー・アンデスの高地部、とくに標高四〇〇〇メートル前後の高地部にゆくと、一般のペルー人とはちがう身なりをした人たちを見かける。男女とも帽子をかぶり、地方色豊かな民族衣装を身につけ、足にはオホタと称する古タイヤを再生したサンダルを履いている。そして、彼らのあいだではもっぱらケチュア語で会話がなされている。彼らこそは、インカ帝国を築いた人たちの子孫、一般にインカの末裔として知られるケチュア族である。また、彼らはジャガイモを栽培化した人たちの子孫でもある。

よく知られているように、第2章で述べたインカ帝国は一六世紀の初め頃、スペイン人たちによって征服された。その後もスペイン人たちによる先住民に対する圧制や虐待はつづいたが、それに耐え抜き、生きのびた人たちがいる。それが現在ペルー高地を中心とする中央アンデスで暮らすケチュア民族であり、そのなかにはインカ時代あるいはそれ以前からの伝統的な色彩の濃い農耕生活を送る人たちもいる。

インカ時代といえば、いまから約五〇〇年も前のことである。日本では室町時代にあたる、そんな古い時代に行なわれていた農業の伝統が中央アンデスの高地ではいまも生きつづけているのだ。もちろん、インカ時代の農業がそのまま行なわれているというわけではない。一六世紀に始まったスペイン人による侵略の影響は大きく、それは農業も例外ではなかった。たとえば、彼らはヨーロッパから数多くの新しい作物や家畜をもたらした。また、畜力を使った農具のまったく知られていなかったアンデスに牛にひかせる犂《すき》なども導入した。

一般にインディオとよばれる先住民の家族とその家

しかし、このように大きな影響を受けながらも中央アンデスの高地部では依然として伝統的な色彩の濃い農業が行なわれているのである。たとえば、中央アンデスの高地部で栽培されている作物の大半はアンデス原産のものであるし、家畜もそうである。また、農作業で中心となる農具もインカ時代とほとんど変わらない踏み鋤を使う地域が多い。さらに、その栽培の技術や方法のなかにもアンデス伝統のものが生きつづけている。そして、このような伝統的な農業をもとにして自給自足的な暮らしを送っている農民が少なくないのである。

大きな高度差を生かした暮らし

一九七八年から八七年にかけて通算で約二年間、私が民族学の調査のために暮らしたペルー南部高地の農村もインカ以来の伝統をよく維持している地域であった。しかも、その農業の中心はジャガイモであり、食生活もジャガイモなしでは考えられないほどのものであった。ここでは、このような農民に焦点をあて、ジャガイモを栽培化した人たちの子孫の暮らしとその問題点を明らかにしておこう。そこには、伝統と近代化のはざまで揺れ動く農民の現実が見られるからである。

調査地は、ペルー南部、かつてインカ帝国の中心であったクスコ地方のマルカパタ村である。この村の領域の大半はアンデスの東斜面に位置し、面積はおおよそ一七〇〇平方キロメートル、ほぼ大阪府の面積に匹敵するほど広い。村のもっとも低いところは標高一〇〇〇メートルほどだが、もっとも高いところは標高約五〇〇〇メートルに達する。そのなかには、熱帯雨林や雲霧林《モス・フォレスト》、高山草地、さらに氷雪地帯などの様々な環境が見られる。

さて、そこに約五〇〇〇人の住民が暮らしているが、その大半がインカ帝国の公用語であったケチュア語を母語とするインディオとよばれる先住民である。一部にミスティとよばれるメスティーソ、そして比較的近年にこの地域に移住してきた入植者たちもいる。そして、村の領域のもっとも高地部の高原地帯に散在して居住地をもっているのがインディオで、低地部の森林地帯にまばらに住んでいるのが入植者、そしてその中間のプエブロとよばれる集落に住んでいるのがミスティである。

このような高度による住民と居住形態のちがいは彼らの生業形態と密接な関係をもつが、以下ではインディオのそれについてのみ述べる。彼らこそが伝統的な農業を行なっている人たちだからである。彼らは標高四〇〇〇メートル前後の高山草地帯に居住地をもつが、その暮らしは高地に限られない。すなわち、アンデスの東斜面にみられる三〇〇〇メートル以上もの大きな高度差を利用し、家族ごとに家畜を飼い、ジャガイモもトウモロコシも主作物として栽培しているのである。そのため、このような耕地には植えつけや収穫のときに、一時的に移り住んで農作業をするための出作り小屋をもち、また放牧地にも家畜番小屋をもつ。これを模式的に示したものが図6-1である。この図を使いながら、彼らの暮らしをも

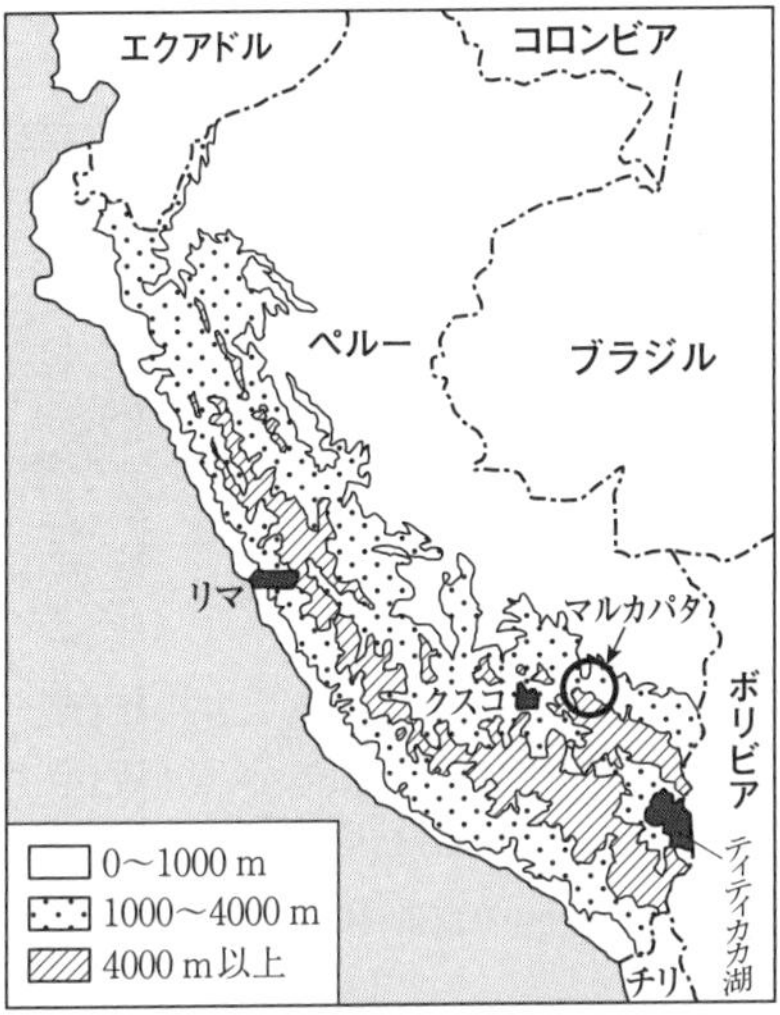

マルカパタ村の位置

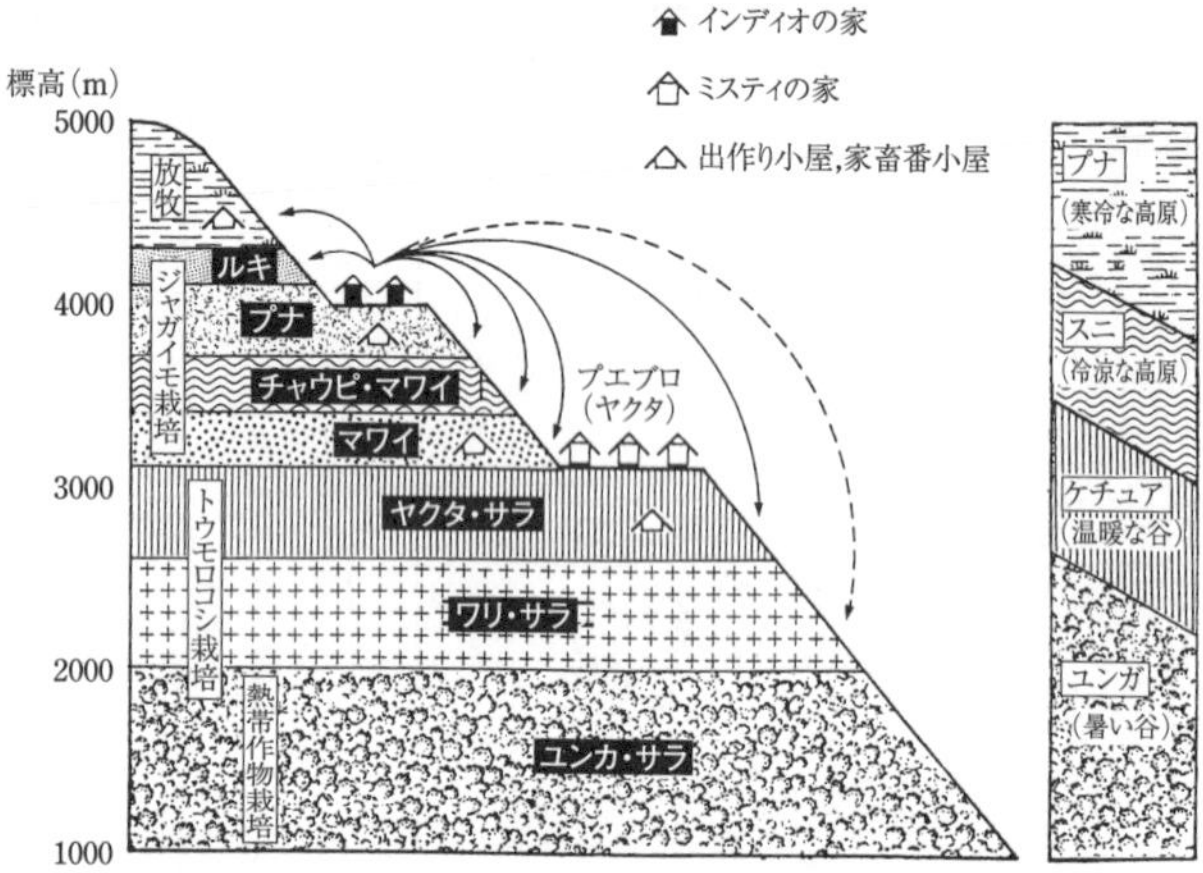

図 6-1　マルカパタのインディオの高度差利用と出作り小屋の位置

出作り小屋．日中でも室内が暗いので外で作業をしている．

う少し具体的に述べておこう。

高地部の方からみてゆくと、家畜の放牧は標高四〇〇〇メートル前後から上に広がる草原地帯が中心になる。放牧の対象となる家畜はアンデス特産のリャマやアルパカのほかに、ヨーロッパから導入されたヒツジもいる。一家族が所有する家畜の平均的な頭数は五〇〜六〇頭である。このうち、リャマやヒツジは牧草の種類があまり限られないため、広い範囲を行動できるが、アルパカは高山草地の牧草しか食べないため放牧は高地に限られる。とくに、乾季は牧草が乏しくなるため、雪どけ水によって一年中牧草の利用できる湿原近くで家畜は放牧される。そのため、そこにも家族ごとに家畜番小屋をもつ。

ジャガイモ畑は標高約三〇〇〇メートルから四二〇〇メートルくらいまでの高度域に連続している。ただし、図6-1に見られるように、ジャガイモ畑は高度によって植えつけや収穫の時期、栽培方法、さらに品種などが異なる四つの耕地にわけられる。そして、これら四つのジャガイモ耕地は、それぞれ低い方からマワイ、チャウピ・マワイ、プナ、そしてルキと総称される。これらのジャガイモ耕地のなかで出作り小屋が見られるのは、ふつうマワイとプナの畑である。前者は家から遠いため、後者は広くて、植えつけや収穫に時間がかかるためである。

さらに低いところ、標高約三〇〇〇メートル以下にある耕地が主としてトウモロコシ栽培のためのものである。マルカパタで栽培されているトウモロコシは高度によって三つのグループに大別され、それぞれヤクタ・サラ(サラはケチュア語でトウモロコシのこと)、ワリ・サラ、ユンカ・サラとよばれる。このうち、ワリ・サラやユンカ・サラを栽培する人は少なく、ほとんどの人が標高二六〇〇メートルから三〇〇〇メートルあたりの高度域でヤクタ・サラを栽培する。そして、このトウモロコシ耕地も家から遠いため、そこに出作り小屋をもつ。こうして彼らは出作り小屋や家畜番小屋を利用しながら、一年中、アンデスの東斜面を登ったり下ったりしながら、少なくとも食糧に関しては家族ごとにほぼ自給して暮らしているのである。

このような自給自足的な暮らしこそは、インカ時代以来の伝統であることが知られている。なお、作物の栽培および家畜の飼育は基本的に家族単位で行なわれているが、各家族で勝手に植えつけや収穫をしているわけではない。先述した耕地は、それぞれが成員権をもつコムニダとよばれるインカあるいはそれ以前からの伝統をもった地縁血縁的な色彩の濃い共同体の共同耕地だからである。そのため、植えつけも収穫も共同体の寄り合いで決められた時期に行なわれるなど、共同耕地の利用に関しては共同体の様々な規制がある。

イモづくしの食卓

では、このようにして生産した農産物を彼らはどのようにして消費しているのだろうか。それを、私が一番長く滞在させてもらった家の例から紹介してみよう。例にとるのは標高約三八

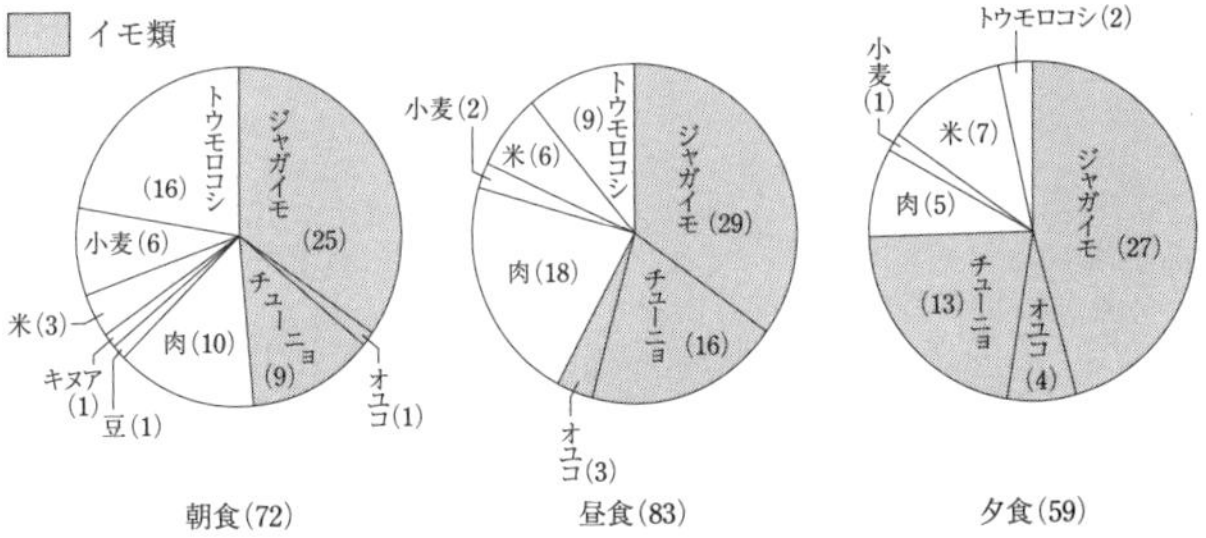

図 6-2　マルカパタ村の食事の主材料

○○メートルの高地に住み、夫婦とその子ども四人の六人家族である。この家族は、もっと高地部でリャマやアルパカ、ヒツジなどの家畜約五〇頭を飼い、低地部でトウモロコシ、これらの中間地帯でジャガイモを主作物として栽培している。ジャガイモやトウモロコシの生産量については具体的なデータを得ていないが、ともに家族で消費する以上の収穫があり、これらを物々交換あるいは売って得た金で、砂糖や塩、灯油、衣類など、主として食料品以外のものを手に入れている。

食事は、朝、昼、夜の三食が基本であるが、昼食は家畜番や農作業のために屋外でとることが多い。図6-2は、これら三食の九月における食事の一カ月間の主材料を示したものである。九月はジャガイモの植えつけ時期にあたっていたので、昼は畑で食事をとる回数が多かった。なお、主食、副食という明確なカテゴリーがないため、この図では飲み物と調味料を除いた食事の主材料すべてがあらわれる頻度を示している。したがって、たとえばチューニョのスープという場合、ふつうはジャガイモや肉なども含まれているが、ここでは主材料となるチューニョだけを数えて計算している。そのため、図に示されている割合は実際に食べられている量とは一致しないが、あくまで全体の傾向を知るためのものである。量的な問題に関してはコメントを加えながら、以下に具体的にみてゆくことにしよう。

この家の食事にあらわれた主材料は総計で二一四あったが、それらの原材料はコメ、麦、トウモロコシ、キヌア、マメ、ジャガイモ、オカ、オユコ、それに肉の九種類に限られる。九〇回の食事に二一四の主材料が出現するのは、ふつう一度の食事に複数の料理を食べるからだ。この主材料のうち、コメ、麦、キヌアを除く食料はすべてマルカパタで生産されるものである。また、コメ、麦の出現頻度は高いものの、量的にはさほど大きいものではない。

さて、図で明らかなように、朝、昼、夜の三食とも食事の主材料はほとんど変わらない。そして、各食事とも、ジャガイモとチューニョを含むイモ類の出現頻度がきわめて高い。すなわち、朝食で四九％、昼食で五八％、そして夕食にいたっては七五％をイモ類が占めるのである。一方、トウモロコシは朝食で二二％、昼食で一一％、夕食ではわずかに三％を占めるに過ぎず、イモ類にくらべると、その割合は著しく低い。

これを出現頻度ではなく重量でみれば、全食事のなかでイモ類が占める割合はさらに大きくなるはずである。たとえば、彼らの食事に主食と副食の区別はないと述べたが、内容からみて主食的なものはある。それは、パパ・ワイコとよばれる料理で、土鍋などでジャガイモを蒸したものだ。ときに、ジャガイモだけでなく、オカやオユコ、マシュア、チューニョなども一緒に蒸されることもあるが、これらもイモ類が材料である。このパパ・ワイコが一年をとおしてほとんど毎食供される。たとえば、ここで例にあげた九月の一カ月間のうち、朝食と昼食でともに二五回、夕食で二六回供されていた。そして、このパパ・ワイコにわずかばかりの干し肉とつけ汁としてのトウガラシ汁だけで食事をすますことも少なくない。したがって、彼らの食卓は「イモづくし」といっても過言でないほどなのである。

主食になるパパ・ワイコ．ジャガイモを蒸したもの．

残念ながら、私の調査では食事の内容を量的に示すことはできなかったが、図6-2に示した家の食事に占めるイモ類の割合は八割近くに達するだろうという印象をもっている。そして、それは、この家族のことだけでなく、どこの家でも同じように大量にイモ類を食べている。その背景には、どこの家でもジャガイモを中心とするイモ類の栽培にもっとも大きな労働力をさいているという事情がある。

ここで、気になることがある。それはイモ類の栄養分の大半はデンプンであり、タンパク質に乏しいことだ。そのため、イモ類中心の食事では栄養的に偏ったものになりそうである。それでは、この偏った栄養を何で補っているのかといえば、それは肉類のようである。図では朝食と昼食で肉の占める割合がチューニョなどより多くなっているが、これは量的にはもっと少なくなる。しかし、この肉の消費に関して特徴的な点は、量的にはわずかでも、ほとんど毎食のように肉が使われ、きわめて出現頻度が高いことである。

肉を使った料理で、もっとも頻繁に出現するのはジャガイモやチューニョなどと一緒に煮込んだスープである。また、先述したように昼食は屋外でとられることが多いが、そのときも干し肉がしばしば供される。さらに新しい肉が手に入ったときは、それをカマドの熾《お》き火で焼いて食べることもある。これらの食事から見ていると、デンプン質を主体にする彼らの食事のなかで肉は食事に欠かせないものになっていることがわかる。

クイ料理．祭りの時には欠かせない．

肉の供給源として忘れてはならないものがある。それが屋内で飼われるクイ(テンジクネズミの一種)である。インディオの家では大体どこでも一〇～二〇匹くらいのクイを飼っており、クイはもっぱら肉として消費されるのである。ただし、クイは日常的に食べられるわけではない。祭りや家に来訪者があったときなど、いわばハレの食に欠かせないものである。クイは小さな動物であり、量的に大きな役割を占めているわけではないが、それでも七月から八月頃にかけての祭りの多い時期はかなり頻繁にクイを屠畜し、食事に供するのである。

特異な価値をもつトウモロコシ

第2章の結論部分で、私はクロニカ資料から「インカ帝国では、主食としてのジャガイモ、儀礼的な作物としてのトウモロコシという位置づけができそうだ」という見通しを述べた。この見通しは、はたして正しかったか。ここで、実際に先住民の人たちと暮らしをともにして彼らの食生活を調査した私の観察結果を述べておこう。

インディオの家に滞在し、彼らと食生活をともにして驚いたことがある。それは、かつてインカ帝国の中心地であったクスコ地方に位置するマルカパタでも、先住民の食生活に占めるイモ類の大きさに対して、トウモロコシがあまり食卓に出現しないことだ。ただし、トウモロコシも食べられていないわけではない。図6-2にも示されているように、夕食にはほとんど出現しないものの、朝食では一六回も出現している。しかし、トウモロコシが主食として利用されることは少ない。もっとも多い利用法は、穀粒を石臼で潰し、これをスープなどと一緒に煮込んだサラ・ラワとよばれるものである。また、穀粒を土鍋で炒ったカンチャは畑仕事や家畜番のときの携行食としてしばしば利用されるが、全体として見ればトウモロコシはとても主食とは言えそうにないほど、量的にはわずかしか消費されていない。

たしかに、一年をとおして見たとき、もっぱらトウモロコシばかり食べている時期もある。それは、トウモロコシの収穫のために一時的にトウモロコシ畑にある出作り小屋に移り住むときである。このときは、朝も昼も夜も、そして間食にも収穫したばかりのトウモロコシを食べている。ときに物々交換で得たチーズや肉も食べることはあるが、主食はモテとよばれるトウモロコシの穀粒を茹でたものなのだ。これには、いくつもの理由が考えられる。

まず、収穫時期は新鮮なトウモロコシが食べられる唯一の機会なのである。また、この新鮮なトウモロコシの穀粒は、比較的柔らかいので料理がしやすいことも関係がある。さらに、トウモロコシ畑は標高三〇〇〇メートル以下の森林地帯に位置しており、燃料となる薪も得やすい。一方、乾燥したトウモロコシの穀粒は固く、とくに高地部では気圧が低いこともあり、調理がしにくい。こうして、高地部でのトウモロコシの調理法は石臼で挽いて粉にしてから煮るか、粒を炒るものとなり、茹でたモテは収穫時期を過ぎるとほとんど出現しないのである。

先にクイがハレのときの食材であると述べたが、どうもトウモロコシもハレの日の食事としての性格をもつようである。じつは、日頃寒冷な高地で暮らす彼らにとって、森林地帯に位置する温暖なトウモロコシ畑は非日常的な世界である。そして、トウモロコシの収穫時期にはマルカパタ以外の地域からもトウモロコシとの物々交換のために多くの人が集まる機会でもある。かつてインカ時代には農作業が祭りでもあったとされるが、このトウモロコシの収穫はそのような雰囲気を漂わせているのだ。

それを象徴するような料理がトウモロコシの収穫時期には準備される。それは、マルカパタでラドリージョ、アンデスでは一般にウミタまたはウミンタとよばれるものである。これは、収穫したばかりのトウモロコシのなかでも、穀粒がまだ柔らかいものが材料になる。この穀粒を石臼などでつぶし、砂糖あるいは塩などをまぜてトウモロコシの皮に包み、これを熱した石のあいだにはさんで焼くのである。これはトウモロコシの収穫時期だけの料理であり、インカ時代も、夏至のあとにひらかれる「太陽の祭典」で大量に供されたことが知られている。「太陽の祭典」は、インカ帝国の最大にして、しかも荘厳な祭りであり、インカ王とともに、各地方からクラカとよばれる首長たちも楽団をともなって行進した。トウモロコシがもっとハレとしての性格を示す

一般にウミタの名前で知られるトウモロコシの料理

ものがある。それはトウモロコシから造られる酒、チチャである。チチャ酒は、インカ時代、農作業や祖先祭祀の儀礼、さらに祭りなどに欠かせないものであったが、この伝統がマルカパタでは今も生きつづけているのだ。たとえば、農作業や家の屋根の葺き替えなどの作業で手伝ってくれた人たちには必ずといってよいほどチチャ酒がふるまわれる。また、家族ごとに行なわれる家畜の繁殖儀礼や共同体の祭りでもチチャ酒は欠かせない。とくに、四年ごとに村人総出で行なわれる教会屋根の葺き替えの祭りでは、大量のチチャ酒が一週間近くにわたって村人全員にふるまわれるのである。

なぜ大きな高度差を利用するのか

上記のような大きな高度差を利用した暮らしは、マルカパタ村だけではなく、中央アンデスでは広くみられる。さて、それでは、このように大きな高度差を利用した暮らしの目的は、何であろうか。多様な資源を入手するためであることはいうまでもないが、それは食糧を自給するためなのだろうか。食糧を自給するためだけであれば、これほど大きな高度差を利用する必要はなさそうである。

実際、私の観察によってもマルカパタにおける村人の食事の中心はジャガイモを中心とするイモ類であり、これにリャマ、アルパカ、さらに前出のクイなどの肉を食べれば食糧は自給できる。一方、低地部での主作物であるトウモロコシは、食糧としてよりは主として宗教上の儀礼などに欠かせない酒の材料として消費される。

ジャガイモを中心とするイモ類を主食とし、トウモロコシを主として酒の材料として利用する方法は中央アンデスでは一般的である。そして、これはどうもインカ時代以来の伝統のようだ。じつは、インカ時代にも集落ごとにアンデス東斜面の大きな高度差を利用した暮らしを送っていた民族が知られている。そして、彼らは高地部で家畜飼育やジャガイモ栽培を行ないながら、低地部でもトウモロコシのほか、やはり儀礼のうえで欠かせないコカを栽培していた。トウモロコシも、コカも暖地産の作物であり、気温の低い高地では栽培できない。そして、低地部で栽培される作物は食糧としてよりも、宗教上の儀礼などに重要なものだったと考えられているのである。

チチャをふるまうケチュアの女性．チチャは儀礼や祭りに欠かせない．

このようなインカ時代の大きな高度差利用は、アンデスを専門とする人類学者のあいだで大きな関心を集め、「垂直統御（バーティカル・コントロール）」論として様々な角度から論じられてきた。そのなかで、人類学者は大きな高度差利用を行なう理由を経済的なものとしてよりも、主としてアンデス住民の世界観やシンボル体系に関連するものとして考えてきた。

しかし、マルカパタでの滞在が長くなるにつれて、こんな考え方にわたしは疑問をもつようになってきた。農業の文化的側面ばかりを強調し、農業が本来もつ食糧生産としての役割を看過しているのではないかと思えてきたのだ。そして、このような視点からアンデス農業をあらためて見直してみると、大きな高度差利用は厳しい環境のなかでの生存戦略のひとつの方法、とくに収穫の危険を分散する方法としても機能しているのではないかと思えるようになってきたのである。

たしかに、中央アンデスは先述したように低緯度地方にあるため高地であっても気候は比較的温暖であるが、そこは農業を行なううえでは極限状態にあるといっても過言ではない。たとえば、第1章でボリビアのラパス空港を例にとり、そこでの気温が平均で摂氏一〇度前後と高いことを示したが、これには少し注釈が必要である。たしかに、中央アンデスは緯度が低いため、一年をとおしてあまり気温の変化はないが、一日の気温変化は激しい。とくに、四月頃から九月あたりまでつづく乾季の一日の気温変化は激しく、最低気温は氷点下数度くらいまで下がる。また、雨量も少なく、先のラパス空港での一年の総雨量もわずかに六六八ミリメートルでしかない。とくに、乾季は雨がほとんど降らず、自然の降水だけでは農業も不可能である。

このような乾季の存在や一日の激しい気温変化、絶対的な気温の低さなどは土壌の肥沃度の維持に悪い影響を与えている。また、半年もつづく雨季の雨も傾斜地が多いアンデスでは土壌の浸食を引きおこしたり、土壌養分を洗い流す要因となる。この結果、中央アンデス高地では大半の土地生産力が低く、しかも脆弱な環境であることが指摘されているのである。

このような環境での農業は天候の異変や病害虫の発生などにより壊滅的な被害をこうむる可能性をつねに秘めている。とくに中央アンデス高地の気候は変わりやすく、標高四〇〇〇メートルを超すような高地では栽培期間中でも降雪をみたり、霜がおりることさえある。また、そこは全般的に降雨量が乏しいことに加えて、年によって降雨の時期や降雨量の変動が大きいことも知られている。

このような環境や状況のなかで農業を行なうためには、大きな生産性を目的とするよりも、安定的な生産性をもとめる必要がある。不作の影響は危機的な状況を当該社会にもたらすと考えられるからである。そして、そのような危機を回避する方法のひとつが大きな高度差を利用し、高度によって異なる作物を栽培したり、家畜を飼って自給する暮らしではないかと考えられる。そのことを象徴するものこそが、大きな高度差を利用したジャガイモ栽培である。そこで、その方法を具体的に検討してみることにしたい。

高度差一〇〇〇メートル以上のジャガイモ耕地

マルカパタではジャガイモの耕地は一〇〇〇メートル以上もの大きな高度差に分布しており、高度により四つの共同耕地に分けられている。それはすでに述べたが、これら四つの共同耕地のそれぞれに各世帯の使うジャガイモ畑がある。つまり、マルカパタでは家族ごとに四つもジャガイモ畑をもつ。しかも、その畑は一〇〇〇メートル以上もの大きな高度差のなかに分散している。それでは、何のために、これほど大きな高度差のなかに四つものジャガイモ畑をもつのだろうか。

現地で得た情報によれば、「一年中、新鮮なジャガイモが食べられるようにするためだ」という。たしかに、時期を変えて一年に四回も収穫できるため、収穫したばかりのジャガイモを食べることのできる機会はふえる。また、ジャガイモは水分を多く含んでいるため、長期間の保存は困難であり、何度も収穫するほうが都合がよい。

しかし、村人の食事の様子を見ていると、ほかにも大きな理由がありそうである。それというのも、日常的に食べられているジャガイモの大半はプナの共同耕地で収穫されたものであり、残りの耕地で収穫されたジャガイモの占める割合はきわめて低いからだ。じつは、四つの共同耕地の大きさは均一ではなく、プナの共同耕地だけが圧倒的に大きく、残りの三つの共同耕地はかなり小さい。そのため、各家族がそれぞれの共同耕地にもつ畑も、やはりプナのそれがもっとも大きい。

そこで考えられる、もうひとつの理由が収穫の危険分散である。もともとジャガイモは寒冷な高地の気候に適した作物であるが、そこは先述したように作物の栽培をするうえで厳しい環境、すなわち収穫の危険性が大きい環境である。そして、この危険性を回避したり、減少させるための方法のひとつが大きな高度差のなかで生じる気温や雨量のちがいを利用して、少しずつ時期をずらして植えつけることである。具体的には、標高の低いところほど気温が高く雨量も多いため早く植えつけ、高地ほど植えつけ時期を遅らせるのだ。実際に、もっとも低いところにあるマワイの耕地での植えつけは八月であるのに対して、もっとも高いところにあるルキの耕地での植えつけは一〇月末ごろと、そのあいだには二~三カ月ものズレがある。

マルカパタで栽培されるジャガイモの在来種.約100種類が栽培されている.

こうして、各家族は生育状況が異なる四つのグループのジャガイモを、しかも高度を変えて栽培することになる。その結果、たとえば気候異変のときでも、それによる影響は標高によって異なると考えられる。これは病害虫による被害に対しても同様である。したがって、大きな高度差のなかにジャガイモの耕地を分散させているのは、様々な収穫の危険性を分散させる目的をもっていると考えられるのである。

この点で興味深い共同耕地がある。それは共同耕地のなかでもっとも高いところにあるルキのそれである。名前が示すように、この共同耕地はもっぱらルキとよばれるジャガイモ品種が栽培される。そして、このルキこそは数多くのジャガイモ品種のなかでももっとも耐寒性にすぐれ、また病気にも強いことで知られるものである。さらに、ルキはアクが強くて煮ただけでは食べられないため、すべてチューニョに加工して保存食とされ、基本的には食料が不足するときのための貯蔵用のものなのである。

収穫の減少を防ぐために

ジャガイモ耕地の分散にかんしては、上述した垂直方向のものだけでなく、水平方向のものもある。それは、ジャガイモ耕地の休閑システムである。ジャガイモ耕地の休閑はインカ時代あるいはそれ以前からの伝統であり、いまも中央アンデス高地では広く行なわれている。マルカパタでも、先述した四つのジャガイモの共同耕地をいずれも五つの耕区に分け、そのうちひとつの耕区だけを使い、残りは休閑している。ときに、二年目の耕地にジャガイモ以外の作物を栽培することもあるが、それはその耕地全体の一部でしかなく、ほとんどの耕地は休閑するのである。

さて、それでは、この休閑は何のためか。従来は地力の回復のためであるといわれてきたが、それに対しても私は疑問をもっている。たしかに休閑は地力を回復させるという目的もあるが、中央アンデス高地でのジャガイモ耕地の休閑は病気の防除のためでもあるのだ。

じつは、ジャガイモは病気に弱い作物であり、とくに連作すると病気の発生率は高くなる。この病気で最大のものはアンデスではセンチュウ(線虫。ネマトーダともいう)によるものであり、その有効な駆除策として知られるのが休閑なのである。しかも、「センチュウの生息密度の高いときにジャガイモの収量を確実にするためには五年間に一度だけ栽培するようなローテーションが必要である」とされる。

ジャガイモ耕地．手前が栽培中の耕地で，後方は休閑地．

中央アンデス高地全体を広くみまわしたとき、ジャガイモ耕地の休閑期間には様々なバリエーションがみられ、十数年もの長い休閑期間をもうけているところもある。一方で二年目以後の耕地に様々な作物を輪作する方法も行なわれている。しかし、いずれのばあいでもジャガイモの連作の例はなく、少なくとも四年間は栽培しないという原則は守られている。

このような事実は休閑の最大の目的が地力の回復よりも、ジャガイモの病気の防除にあることを強く示唆するものである。もちろん、このような方法では、毎年使われる耕地が全体の数分の一でしかないため、生産性という点ではきわめて低いレベルにとどまらざるをえない。しかし、このことはまた彼らが生産性よりも安定的な収穫を最大の目的にしていることを物語るであろう。

アンデス高地のジャガイモ栽培が高い生産性よりも安定的な収穫をもとめている例は、ほかでもみることができる。それは、ひとつの畑のなかに多様な品種をまぜて栽培する方法である。もし、高い生産性を第一に考えれば収量の高い品種だけを選んで、それだけを栽培すればよいはずである。ところが、そうしないで収量の高い品種も低い品種もまぜて栽培することが多いのである。

そのような例をマルカパタでも見ることができる。図6-3は標高約三九〇〇メートルでみられたプナの共同耕地の一部で栽培されているジャガイモ品種を示したものであるが、このように小さな面積だけで見ていても二倍体、四倍体、そして五倍体のジャガイモがあり、品種のうえでは三〇種類をこえるものが見られる。このうち、二倍体のジャガイモは一般に収量が低く、また一般に二倍体のものより四倍体のジャガイモのほうが収量は大きい。それにもかかわらず、この畑では二倍体のものも、四倍体のものも、さらに五倍体のジャガイモも栽培されているのである。

その理由のひとつとして考えられるのが、多様な品種の栽培による危険分散である。図6-3のとおりマルカパタで栽培されているジャガイモ品種はじつに多様だが、これらの品種は形態が異なっているだけでなく、病害虫や気候、さらに環境などにたいする適応性も様々に異な

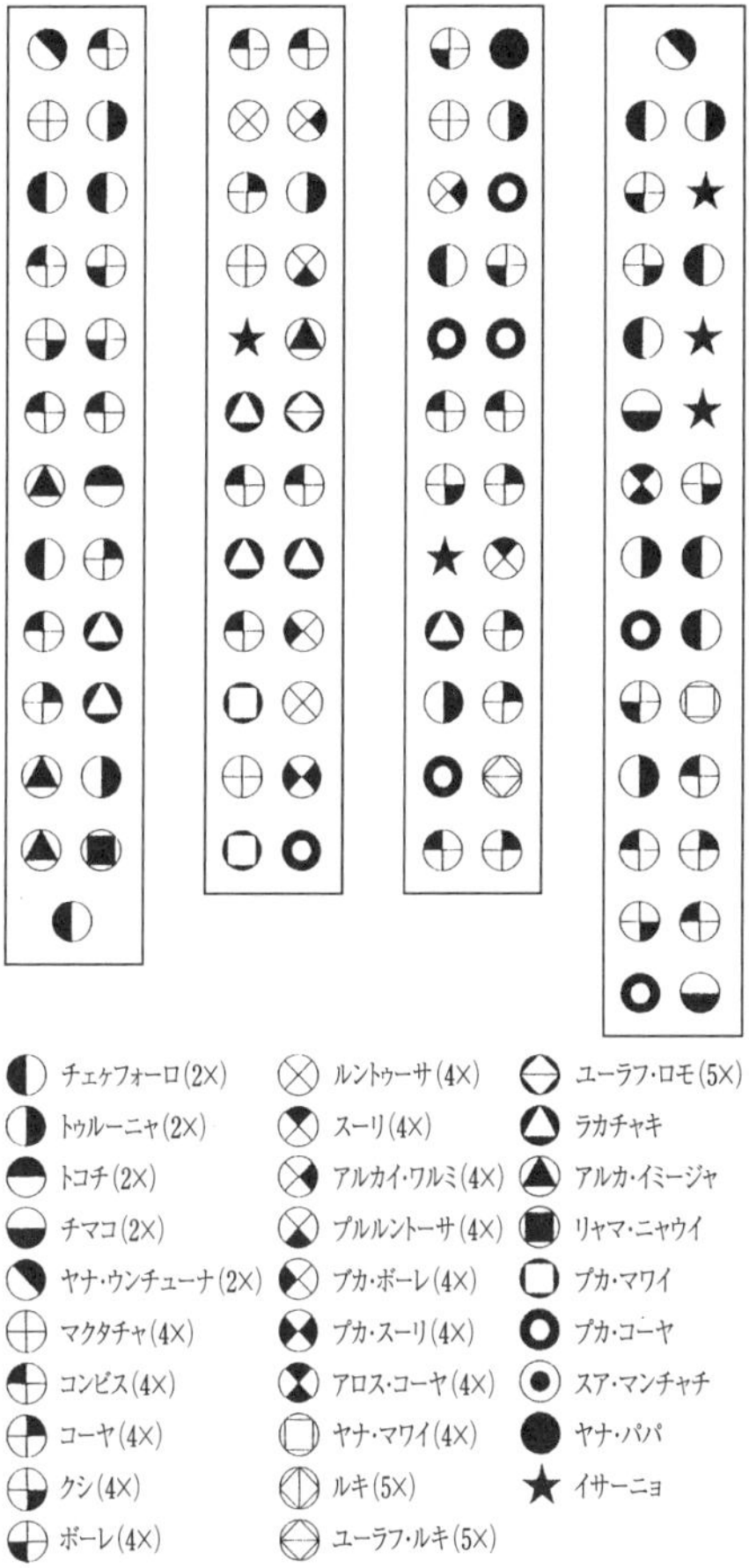

※　呼称はすべてケチュア語による．
※　(　)内の数字は倍数性を示す．無記入は未判定のもの．

図6-3　ジャガイモ畑の畝でみられる品種

っていると判断される。実際に、二倍体のジャガイモのなかには耐寒性にすぐれたものもあることが知られている。また、耐寒性という点では先述したように五倍体のジャガイモはあきらかに耐寒性にすぐれているほか、病害虫にも強いといわれている。

したがって、一枚のジャガイモ畑にこのように多様な品種を栽培するのは、やはり収穫の危険分散のためとみてよさそうである。耐寒性や耐病性などの点で様々に異なる品種を混植することで、天候の異変や病害虫の発生に対して収穫の減少を少しでも防ぐ工夫であると考えられるのだ。この点で、例に示したジャガイモ畑には興味深い作物も植えられている。

それは、マルカパタでイサーニョ、一般的にはマシュアの名前で知られる、ジャガイモとはまったく別のノウゼンハレン科のイモ類である。図6-3のなかで、★で示され、ひとつの畝のなかに一株〜三株だけ植えられているのが、それである。この混植の理由を村人に聞くと、しばしば「イサーニョをジャガイモとまぜて栽培すると、ジャガイモがよくできる」という答えが返ってくる。

じつは、マシュアをジャガイモやその他のイモ類と混植することによってジャガイモなどを病気から防ぐと考えられている。実際、マシュアに含まれる物質のなかには、ジャガイモの病気の原因になっているセンチュウの駆除に効果のあるものも含まれていることが知られるようになってきているのである。

これまで、マルカパタ村のジャガイモ栽培を中心として中央アンデス高地における伝統農業の特色をみてきた。それらを全体としてみてみると、その特徴は高い生産性よりも、収量は低くても安定的な収穫をもとめたものであるといえそうである。おそらく、中央アンデスの農業がこのような特色をもっていたからこそ、そこでは数千年にわたり多数の人間が生活することができたのであろう。インカ帝国は一〇〇〇万もの人口を擁し、その大半が中央アンデスの山岳地帯に住んでいたことが知られているのである。また、現在、中央アンデスは地球上の高地のなかで、もっとも多数の人口を擁する地域であるが、そこでは大規模な飢饉もおこっていない。

ここで思い返されるのが、第3章で紹介したアイルランドのジャガイモ大飢饉ではないだろうか。アイルランドではジャガイモの栽培を始めて二〇〇年あまりで疫病による悲惨な飢饉を経験したからである。そして、その原因はジャガイモにあまりにも依存しすぎたこと、さらに単一品種を連作したことにもとめられる。それにくらべれば、アンデスのジャガイモの栽培は二重、三重にリスクを回避する方策が講じられており、そのおかげで長い年月にわたって大規模な飢饉を避けることができたと考えられるのである。

さて、それではインカ帝国滅亡から五〇〇年近くたった現在、二一世紀に生きるアンデス農民にとって、この伝統農業に問題はないのだろうか。じつは、ほとんどの農民が伝統農業に満足していない。彼らに聞いてみると、ほとんどの農民が収量の低いことを嘆いている。とりわけ、近年ジャガイモの収量は、人口が増えたせいで休閑期間が短くなったり、輪作の年数が増えたため、みじめなほど低くなったという農民が少なくないのである。

たしかに、生産性という点でみれば、アンデスの伝統農業はきわめて低いレベルにとどまっている。たとえば、アメリカのジャガイモの単位面積(ヘクタール)あたりの収量は約四〇トンに達するのに対して、アンデスの農村ではその一〇分の一以下の三トンほどでしかない。しかも、先述したようにアンデスでは少なくとも数年間は休閑しているため、耕地面積あたりでの収量はアメリカの数十分の一ときわめて低いのである。

参考までに、ここでペルーと他の国とのジャガイモ生産量を比較してみよう。図6-4はジャガイモを多く栽培している二〇カ国の国別ジャガイモ生産量を示したものであるが、上位の五位から一一位までをウクライナやドイツ、ポーランドなどのヨーロッパ諸国が占めているのに対し、ジャガイモの原産地であるペルーは一七位にとどまっている。しかも、ペルーは国土面積が約一二八万平方キロメートルもあるが、先述したヨーロッパ諸国はその二分の一から四分の一、ベラルーシにいたっては六分の一しかない。ちなみに、日本はペルーとほぼ同じ生産量の一九位であるが、その国土面積はペルーの三分の一弱しかない。

これほどまでにペルーにおけるジャガイモの収量が低い理由のひとつは小規模農民が多いこと、そして彼らの多くが収量の高い改良品種ではなく、収量の低い在来品種を栽培していることにもとめられる。また、肥料はアンデスで古くから使われてきた家畜の糞であり、これも化学肥料とくらべれば効果は小さい。これらの事実をアンデス農民も知らないわけではないが、改良品種や化学肥料を購入することは自給的な農業を行なう彼らにとってはむずかしい。自給農業では現金を得る手段がほとんどないからである。

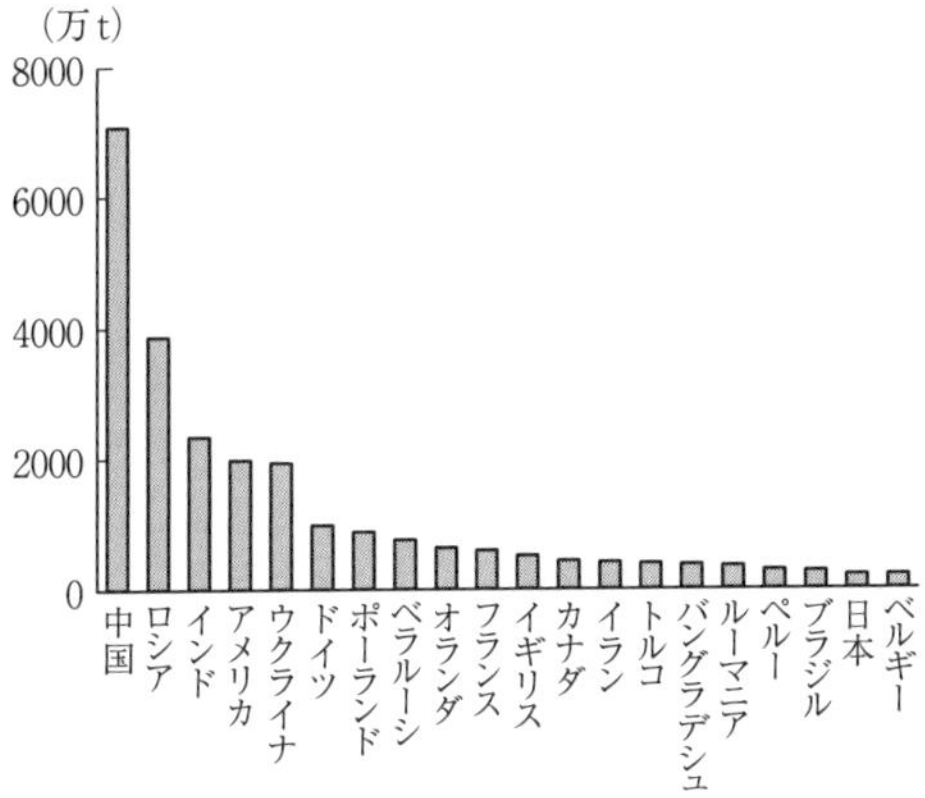

図 6-4　国別ジャガイモ生産量．［FAO 2006］の資料により作成．

こうして、アンデスの伝統農業は、安定性をもとめれば収量が低くなり、高い生産性をもとめれば収穫に対する危険性が増すというジレンマをかかえている。しかし、このジレンマを解決するのは容易でなく、経済的には貧困を余儀なくされる農民が多い。また、大きな高度差を登ったり下ったりしなければならないため、労働も厳しい。そのせいで、現在アンデスの山岳地帯で顕著になっている現象のひとつが、山岳地帯から低地部へ、とくに農村部から都市部への人口移動である。たとえば、ペルーの首都のリマの人口は一九四〇年に約六〇〇万人であったが、それが一九七〇年には四〇〇〇万人に急増し、現在は八〇〇〇万人に近いとされるのである。

都市と農村の大きな格差

その背景には、山岳地帯の住民が経済的に貧しいことに加えて、道路や電気、水道、医療、さらに教育などの面での都市と農村の格差が大きいこともある。その結果、山岳地帯では過疎化現象がおこり、それが地域社会の崩壊をまねき、資源の共同体による管理が行なわれなくなって環境の破壊が始まったところもある。一方で、都市部では人口集中や都市のスラム化、大気汚染などの問題を生じ、社会不安を増大させているのである。

これは日本のような平和な国で生活していると実感しにくいかもしれない。そこで、少し私の経験を述べておこう。私は一九八四年から三年間、家族をともなってペルーの首都のリマに居を定めてペルーで暮らしていたが、一九八五年からは治安が悪化したため夜間の外出が禁止となった。午前一時から五時まで外出が禁止されたのだ。そして、この治安の悪化の背景にも都市と農村の大きな格差があった。私が暮らしたマルカパタ村では電気も水道もガスもなく、夜は漆黒の闇のなかで寒さに耐えながら寝るのが常であった。一方、リマでは夜も電気がこうこうとつき、蛇口をひねれば熱い湯がほとばしり出る家も少なくない。

このような状況では、山岳地帯に住む貧しい農民が不満を募らせるのも当然であろう。そのため、山岳地帯ではセンデロ・ルミノソという反政府テロリストが活動するようになり、やがて彼らの標的は都市にむかった。爆弾テロもさかんにおこるようになり、そのたびにリマは停電となり、ローソクを灯す生活を強いられた。爆弾テロによる死者も毎月三〇〇人にも達するようになった。こうして、リマには非常事態宣言が発せられ、夜間の外出も禁止となったのだ。さらに、この反政府ゲリラは地方にも飛び火し、私が調査をしていたクスコ地方も安全とはいえなくなった。その結果、一〇年にわたって継続していたマルカパタ調査も中断せざるを得なくなった。

リマ市の郊外にみられるスラム街．現地では「若い町」という意味のプエブロ・ホーベンとよばれる．

その後、私は一〇年以上もマルカパタから離れていたが、フジモリ大統領のテロ封じ込め政策が功を奏し、治安が回復したため、数年前にマルカパタを久しぶりに訪れてみた。驚いたことに、道路が整備されたおかげで、かつてはトラックの荷台に乗って向かったマルカパタにバスで行けるようになっていた。また、マルカパタ村の中心地の集落には電気がつき、インターネットのできる店まで生まれていた。このような変化のせいか、村人の表情も明るく、村にも活気があふれていた。

一方で、都市部との定期的な交通手段が生まれたことによって現金経済も浸透してきているようだ。実際に、かつての豊富なジャガイモの在来種のかなりが姿を消し、販売用の改良品種が増えているという情報もある。もしそうだとすれば、生産性より安定性をもとめた彼らのジャガイモ栽培の方法はどのように変わるのだろうか。ジャガイモ栽培に全面的に依存した彼らの暮らしそのものも大きく変わるのだろうか。これからは、そんな変化を見守ってゆきたい。

終 章

偏見をのりこえて

——ジャガイモと人間の未来——

街頭でジャガイモを売るエチオピア人女性
(アジスアベバ近郊)

今もつづく偏見

これまで述べてきたように、ジャガイモはヨーロッパでも、ヒマラヤでも、そして日本でも戦争や飢饉などのさいの救荒作物として大きな役割を果たしてきた。さらに、ジャガイモは単なる救荒作物として終わることなく、大幅な人口増加を可能にし、ヨーロッパでは産業革命をささえるなど、社会や経済にも大きな影響を与えてきた。その影響は、世界を変えたといっても過言ではないほどである。

ところが、このようなジャガイモの貢献はあまり知られていない。とりわけ、日本でその傾向が強い。また、ジャガイモはヨーロッパで偏見の対象になったが、日本でもジャガイモなどのイモ類を、「イモ娘」だとか「イモ野郎」などという言葉が象徴するように軽蔑する人さえいる。ただし、世代別にみれば、日本人でも若い人ほどジャガイモにあまり嫌悪感をもっていないようだ。これは、ポテトチップスやフライドポテトなどをとおしてジャガイモに親しみを感じているせいかもしれない。ジャガイモを軽蔑し、ときに嫌悪感さえいだいているのは、戦中戦後を経験した高齢者たちのようである。ジャガイモを代用食として、あの苦しく、ひもじかった時代をしのいだ過去が思い出されるからであろう。

表終-1　地域別ジャガイモ生産量[FAO 2006]より

	耕作面積(ha)	生産量(t)	単位面積あたり収量(t/ha)
アフリカ	1,499,687	16,420,729	10.95
アジア/オセアニア	9,143,495	131,286,181	14.36
ヨーロッパ	7,348,420	126,332,492	17.19
ラテンアメリカ	951,974	15,627,530	16.42
北アメリカ	608,131	24,708,603	40.63
合計	19,551,707	314,375,535	16.08

表終-2　地域別ジャガイモ消費量[FAO 2005]より

	人　口	消　費	
		消費量(t)	1人あたり消費量(kg)
アフリカ	905,937,000	12,850,000	14.18
アジア/オセアニア	3,938,469,000	101,756,000	25.83
ヨーロッパ	739,276,000	71,087,000	96.15
ラテンアメリカ	561,344,000	13,280,000	23.65
北アメリカ	330,608,000	19,156,000	57.94
合計	6,475,634,000	218,129,000	33.68

しかし、これまでも述べてきたように、ジャガイモを代用食としてではなく、主食としている国民や民族も少なくない。実際に、世界を見渡してみるとむしろ日本の特異性がうかびあがってくる。表終-1は地域別にみたジャガイモの生産量である。これを見るとアジアとヨーロッパで全生産量の八〇%以上を占めているが、アジアは人口が多いので、これを消費量でみると別の傾向がうかがえる(表終-2)。ヨーロッパは一人あたり年間九六キログラムのジャガイモを消費し、それにアメリカの五八キログラムがつづく。それに対して、アジアは約二六キログラムにすぎな

い。ちなみに、日本はアジアの平均よりも少なく、約二五キログラムである。つまり、日本のジャガイモの消費量は、ヨーロッパの四分の一でしかなく、著しく少ない。したがって、ジャガイモを代用食としかみない考え方は日本的なものであり、ヨーロッパのようにジャガイモがれっきとした主食になっている国も少なくないのである。

ジャガイモなどのイモ類に対して、もうひとつの大きな偏見がある。それは、イモ類がデンプンだけで、他の栄養素をほとんど含んでいない栄養的に劣った食品だとする考え方である。これは、はたして本当だろうか。ここで日本人が主食としているご飯(精白米)、小麦を材料とするマカロニ・スパゲッティ類、そして蒸しジャガイモを比較してみよう。図終-1は、可食部一〇〇グラムについて栄養価を比較したものである。これによれば、ジャガイモのエネルギーは八四キロカロリーで、コメの一六八キロカロリー、小麦の一四九キロカロリーには及ばないものの、ミネラルやビタミン類は決して劣らない。とくに、穀類がほとんど含まないビタミンCをジャガイモは豊富に含む。中ぐらいの大きさのジャガイモ一個が推奨一日あたり摂取量のおよそ半分のビタミンCを含み、またカリウムも推奨一日あたり摂取量の五分の一を含んでいる。すなわち、ジャガイモの栄養素は決してデンプンだけではないのである。

むしろ、ジャガイモで問題となるのは水分の多いことであろう。ジャガイモの水分は八〇%近く、栄養価があっても、それが水分によって希釈されたような状態になるのである。そのため、ジャガイモを主食としているところでは、それで栄養を得ようとすればジャガイモを大量に食べる必要がある。実際にアンデス高地の農民は一回に一〇〜二〇個、一キログラムくらいのジャガイモをふつうに食べている。そして、それだけ大量にジャガイモを食べれば「力が入らない」ことはない。実際に、彼らは三〇キロも四〇キロもの重荷をかついで起伏の多いアンデスを登りおりして暮らしているのである。

ここで、もうひとつの偏見がうかびあがる。それは、ジャガイモなどのイモ類を食べると「イモのように太る」というものだ。しかし、これは根拠のない迷信である。先述したように、単位重量あたりのカロリー量は穀類などとくらべればかなり低いからだ。もちろん、ジャガイモも調理の方法によって、たとえばフライドポテトのように調理すれば、そのエネルギー量は穀類に匹敵するほどとなる。したがって、調理法さえ注意すれば、ジャガイモはきわめてヘルシーな食品であり、この点からもジャガイモ

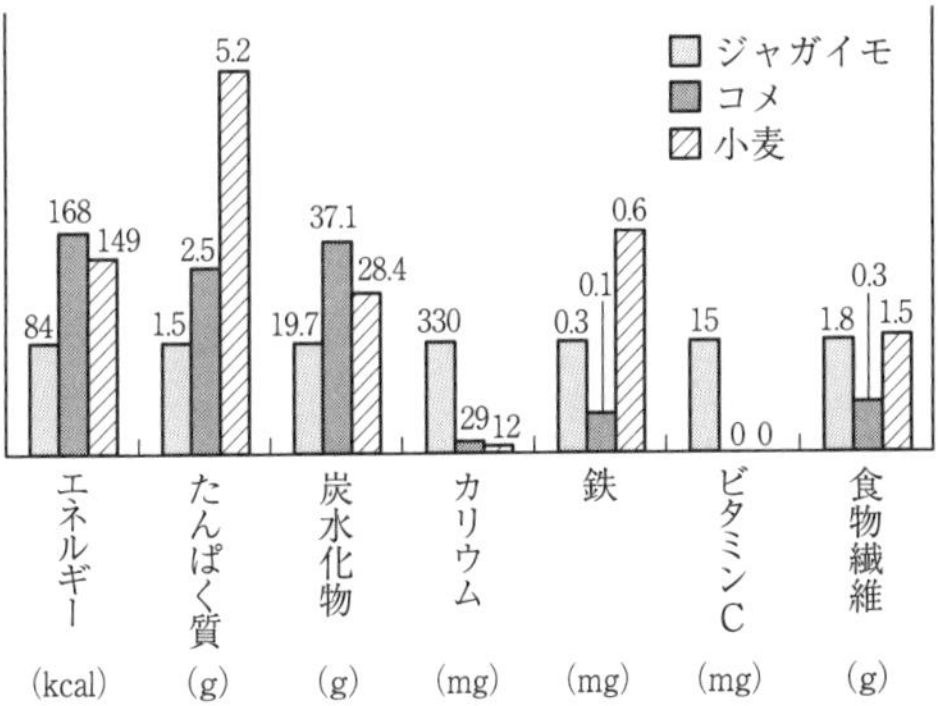

図終-1　ジャガイモの栄養価．［香川 2005］より作成．可食部 100 g についてコメと小麦と比較した．

は再評価されるべきであろう。

歴史から学ぶこと

ふりかえってみると、ジャガイモは故郷のアンデスを旅立って以降、偏見にまみれた歴史の連続であった。その偏見を打ちくだいたのは、たびかさなる飢饉や戦争であった。この歴史から、わたし達が学ぶことは少なくないはずである。

まず、飢饉は、過去のことではなく、いまでも規模こそちがうものの、世界各地で生じている。また、戦争もたえることなくおこっている。そのため、世界では栄養不足および栄養不良に苦しむ人が少なくとも一〇億人もいるといわれる。さらに、この食糧問題に関しては今後も楽観できない。世界人口が激増しているのに、耕地面積がほぼ限界に達しているからである。むしろ、世界の耕地面積は土壌浸食や砂漠化などによって減少する傾向さえある。

このような状況のなかで食糧増産の方策が様々に探られ、収量性の増大もはかられている。そこで問題となるのが、食糧といえば常に穀物だけが対象となっていることだ。たとえば、日本でも食糧自給率といえば一般に穀物自給率のことを指している。つまり、穀物だけが問題とされ、イモ類が過去に果たしてきた貢献は忘れ去られている。先述したように、イモ類は穀類とともに人類が農耕を開始してから重要な食糧源になってきたのである。そして、イモ類は穀類よりも優れた長所ももっている。たとえば、イモ類の長所には次のようなものがある。

いも類は太陽エネルギーの効率が高く、一定面積の土地からとれるカロリーは穀類よりずっと優れ、あらゆる作物のなかで最高値である。いもは穀物が冷害を受けるような気象下でも、かなりの量の太陽エネルギーのキャッチ、つまり収量を上げることができる。また、土壌水分の利用効率も高い。これは水分の少ない土地でもよく生育できることだから、穀物などが旱魃《かんばつ》で育たないときにも、いもは収量を上げることができる。また肥料の吸収力も強く、少ない肥料で栽培することも可能である。そのうえ不時の災害にも強い。

（星川清親『イモ　見直そう土からの恵み』）

このような長所がありながら、イモ類の重要性はあまり評価されることなく、研究も十分には行なわれていない。また、それを栽培する農民の知識や技術も十分ではない。このことは、イモ類の増産の向上には大きな余地が残されていることを物語る。たとえば、先の表終-1にも示されているようにジャガイモの単位面積(ヘクタール)あたりの収量は、アフリカが約一〇トンであるのに対し、北アメリカでは約四〇トンと約四倍もの大きなバラツキがあり、これはジャガイモ増産の可能性が大きい地域が存在することを物語るものである。

ネパールのクンブ高地におけるジャガイモ加工風景．ジャガイモを煮た後，天日で乾燥して貯蔵食品とする．

もちろん、イモ類にも欠点はあり、それについても述べておかなければ不公平であろう。くりかえし述べたように、イモ類の最大の欠点は水分を多く含んでいて、腐りやすく、長期の保存に耐えにくいことである。しかし、この欠点は、技術の開発によって克服できる余地がおおいにあると私は考えている。たとえば北海道の開拓使がジャガイモからデンプンをつくり、保存可能としたように、また、アンデスでもヒマラヤでも、その土地の人たちによってジャガイモを加工し、保存食料にする技術が開発されている。このようにジャガイモの加工に関しては、まだまだ世界各地で開発された土着の技術が活躍している段階にとどまっているのである。

アフリカでも広がるジャガイモ栽培

国際的にみれば、このような動向を認識し、それに対して策を講じている機関もある。その代表的な機関が国際ポテトセンターである。このセンターは、スペイン語による名称の頭文字をとって、通称ＣＩＰとよばれている。このＣＩＰは、世界に一五ある国際農業研究センターのひとつであり、ジャガイモの原産地であるペルーのリマに本部をおき、そこには世界各地から一〇〇名以上の研究者が集まって主として発展途上国におけるジャガイモの増産に関する研究を行なっている。また、世界各地に支部をもち、そこをとおしてジャガイモ栽培の知識や技術の普及もはかっている。

国際ポテトセンター(CIP)本部．左の壁の図はCIPのロゴ・マーク．

　じつは、このＣＩＰに私は客員研究員として三年間滞在したことがある。一九八四年から八七年にかけてのことだ。私が所属したのは社会科学部門であったが、このほか分類学、遺伝育種学、昆虫学、病理学、生理学などの部門もあった。そして、これらの部門を超え、いくつものチームをつくってジャガイモの栽培および利用に関する様々な問題の研究を推進している。

　とくに、ＣＩＰが力を入れて研究しているのは、病気に対して抵抗性をもった品種の開発である。先のアイルランドの例にみるまでもなく、ジャガイモは病気に対して弱い作物であり、耐病性のある品種の開発が最優先の課題だからである。また、収量の高い改良品種の普及も大きな課題であり、世界各地で大きな成果をあげている。ところが、不思議なことにジャガイモの故郷であるペルーやボリビアなどの中央アンデスでは改良品種があまり普及しない。それはなぜか、ということがCIPで私に課せられたテーマであった。

じつは、本書の第6章で述べた報告は、この課題に向けて私が行なった調査の結果であった。ここで、あらためて改良品種がなぜアンデス高地で普及しないのか、その理由について述べておこう。それをひと言でいえば、貧困のせいである。先述したマルカパタの農民も改良品種の存在は知っているが、それを購入することはむずかしい。現金収入の手段をほとんどもたない彼らは現金を手にする機会がないからである。また、改良品種を手に入れるためにはクスコのような都市部に出かけなければならないが、その交通費も払えない。また、改良品種は化学肥料を大量にあたえてこそ収量があがるが、その化学肥料を購入する金もない。さらに重要なことは、改良品種は味がまずく、また在来品種より水分を多く含んでいるため貯蔵もむずかしいことだ。こうして、彼らは古くからの伝統に従って在来品種を栽培し、その肥料はインカ時代以来の伝統をもつ家畜の糞によっている。

アンデス高地ではこのような状況にあるが、世界的にみれば、ＣＩＰの貢献もあって近年、ジャガイモの生産量は急増している。とりわけ、先進諸国のジャガイモ生産量が漸減しているなかで、発展途上国のジャガイモ生産量は急増し、二〇〇六年にはついに先進諸国の生産量をしのぐほどになっている(図終-2)。これは収量が増大しただけでなく、アフリカなどのように比較的近年までジャガイモを栽培していなかった地域でも栽培されるようになったことも関係しているようだ。

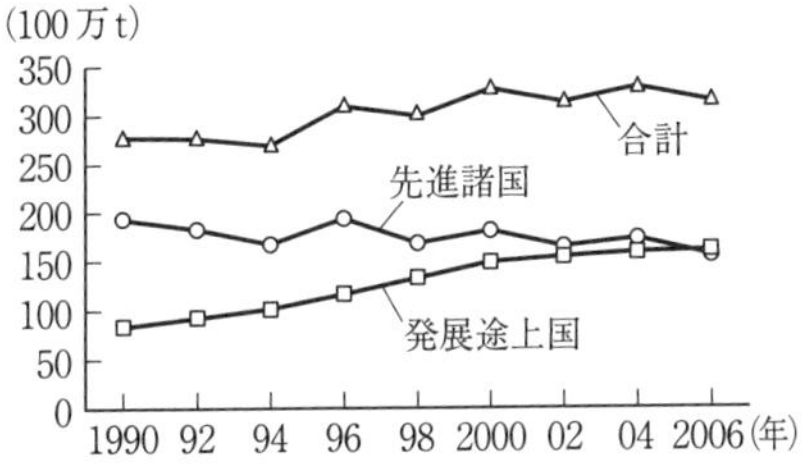

図終-2　世界のジャガイモ生産量．FAO STAT の資料より作成．

実際、私も一昨年(二〇〇六年)訪れたエチオピアでジャガイモが大量に栽培されているのを見て驚いたほどであった。ただし、エチオピアでジャガイモ栽培がみられるのは、首都のアジスアベバ周辺に限られていた。アジスアベバ大学のゲベレ・インティソ准教授(文化人類学)の話によれば、エチオピアにおけるジャガイモの普及は近年のことらしく、主として都市部で消費されているという。エチオピアには、アンデス高地に似て冷涼な気候のアビシニア高原が広がっているので、今後アフリカでもジャガイモ栽培は広がっていく可能性がある、とこのときは考えた。

しかし、エチオピアから帰国してから調べてみると、驚いたことにアフリカでもジャガイモを大量に栽培している国はいくつもあるのだった。たとえば、エチオピアの隣国のケニアでは、ジャガイモは一九世紀末にすでに導入されていた。最初の頃はヨーロッパ人によって栽培され、もっぱらヨーロッパ人によって消費されていたが、やがて現地の人たちも栽培するようになる。そして、現在ではジャガイモはトウモロコシに次いで二番目に位置するほど生産が増え、その生産量は二〇〇六年には七八万トンに達している。ケニアは、ジャガイモの故郷であるペルーと同様に低緯度地帯にあり、しかも、そこには標高二〇〇〇メートル前後の高原が広がっていて、そこがジャガイモ栽培の中心地になっているのだ。

また、赤道直下にあるルワンダもジャガイモを多く栽培している国である。ルワンダにジャガイモが導入されたのは二〇世紀の初めのことであるが、現在ではバナナに次ぐ重要な作物になっている。また、一九六一年以来、ジャガイモの栽培は急増し、当時一〇万トン足らずであった生産量が、二〇〇五年には一三〇万トンになっている。そして、現在、ルワンダでの一人あたりのジャガイモの消費量はドイツなどをはるかにしのぐ一二四キログラムに達している。ルワンダもケニアと同じように熱帯圏に位置しているが、標高一八〇〇メートル以上の高地は冷涼な気候で、そこで主としてジャガイモが栽培されているのである。

大きな可能性を秘めるジャガイモ

このような動向のなかで、国連食糧農業機構(FAO)は二〇〇八年を「国際ポテト年」(International Year of the Potato)と定め、世界の目をジャガイモなどのイモ類の重要性に集めさせようとしている。具体的には、食糧安全保障、貧困の削減、生物多様性の持続可能な利用、農業システムの持続可能的集約化などの研究開発を主としてジャガイモの栽培利用をとおして促進させようとするものである。様々なイベントも予定されており、これを契機としてジャガイモ栽培はさらに拡大するかもしれない。

しかし、このようなジャガイモの生産量の増加を手放しで喜ぶわけにはゆかない。ほかでもない、アイルランドの大飢饉を思い出すからである。先述したようにアイルランドはあまりにもジャガイモに依存しすぎたせいで、悲惨な結果を招いた。このアイルランドの例でもわかるように、あまりにも単一の作物に依存することは危険である。

同じ観点から、穀物に著しく偏重し、しかも輸入偏重をしている日本の食糧構造は大きな危険性をはらんでいるといわざるを得ない。

現実に、日本の食糧自給率は減少の一途をたどっている。私が高校生であった昭和三五年(一九六〇)の日本の食糧自給率は七九%であったが、それが平成になって五〇%を切り、ついに二〇〇七年には四〇%を切って三九%になった。この数値がいかに尋常ではないものであるかは先進諸国の食糧自給率と比べてみれば一目瞭然である。図終-3は、日本の農林水産省の調査による先進諸国一〇カ国の食糧自給率を示したものであるが、このなかで日本は著しく自給率が低く、主要先進諸国の中では最下位である。

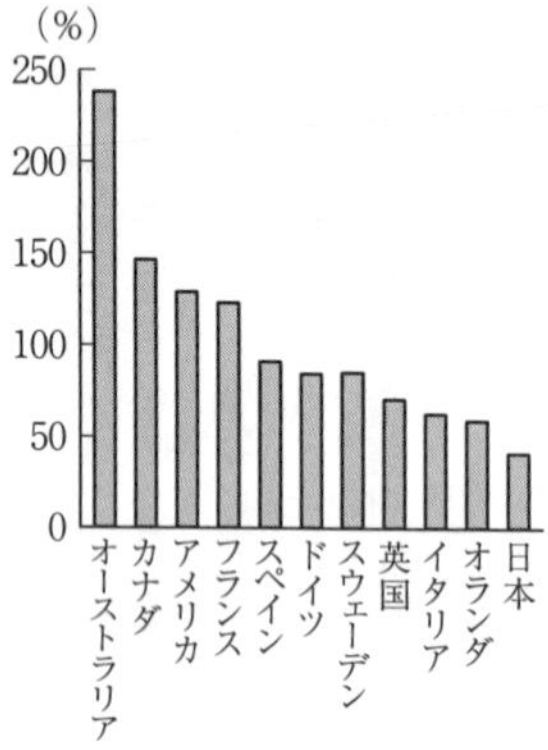

図終-3　主要先進国の食糧自給率．農林水産省の統計資料(2003年)より作成．

ちなみに、この図で興味深いことがある。食糧自給率の高い国一〇カ国のうちの六カ国、すなわちカナダ、フランス、アメリカ、ドイツ、イギリス、オランダは、第6章の図6-4に示したようにジャガイモの生産量が大きい国である。これは決して偶然ではないだろう。ジャガイモが食糧自給率の向上に大きく貢献していると考えられるからである。

一方、日本の食糧自給率が三九%になっても、まだ四〇%に近いのかと安心する人もおられるかもしれないが、これを地域別にみると決して安心してはおれないはずである。食糧自給率が一〇〇%を超えているのは北海道のほかには、青森、岩手、秋田、山形の東北四県だけであり、ほかの県の大半は五〇%以下、そして東京にいたってはわずかに一%、大阪でも二%でしかないのである(いずれも二〇〇八年の数字)。

このような状態のなかで、「日本はこのままでよいのか」、という不安を感じている人も少なくないにちがいない。半分以上の食料を海外に依存し、その食の安全についても心配が生まれている。また、食糧自給率の低下については豊かな時代に生まれ育った若者でさえ漠然とした不安を感じるようになっている。ましてや、食料難の時代をかすかにでも記憶している私のような人間は、この状態を恐ろしいとさえ感じている。輸入が途絶し、節米を強いられ、ひもじい思いをしたのは、たかだか六〇年ほど前のことでしかないからである。

飽食といわれる日本こそ、そして小麦やトウモロコシなどの穀物価格が高騰して食料供給に不安を感じる今こそ、過去に学んで食糧源として大きな可能性を秘めるジャガイモなどのイモ類の長所を見直し、将来に向けて準備をしておく必要があるのではないだろうか。これからの二〇年間に、世界の人口は平均で毎年一億人ずつ増加するものと予測され、いずれ世界の食糧不足は必至と考えられている。そして、その兆しはすでにあちこちであらわれているのだから。

あとがき

ふりかえってみますと、私がジャガイモに関心をもってから四〇年あまりになります。その発端は、大学二年生の終わり頃、一九六六年のことでした。専門課程への進学をまえに、私が進路に迷っていたころのことです。そのとき、私にとって運命的な出会いがありました。それは、故中尾佐助先生が岩波新書で刊行された『栽培植物と農耕の起源』です。この本は、日本文化のルーツが照葉樹林帯にあるというユニークな照葉樹林文化論を展開したことで大きな関心を集め、今なお版を重ねている名著です。ただし、私自身は不勉強だったせいか、さほど大きな感銘をうけたわけではありませんでした。にもかかわらず、この本のなかの一節が心に残りました。その一節とは、脚光をあびた照葉樹林文化論の章ではなく、新大陸の農耕文化を扱った章のなかの次の一節でした。

ジャガイモの起源をたずねていくと、思いもよらない意外な事実があらわれてくる。ジャガイモはもちろん新大陸起源だが、とくにボリビア、ペルーの片田舎を調査すると、とんでもない事実がぞくぞくと出てきたのだ。そこはいまはインカ文明の子孫が住んでいるが、彼らのジャガイモ畑を調査すると、一群のジャガイモらしきイモが出てくる。

このあともジャガイモに関する記述はつづきますが、「とんでもない事実がぞくぞくと出てきた」という文章がとても印象的でした。また、「そこはいまはインカ文明の子孫が住んでいる」という言葉も魅力的でした。その後もこの一節は妙に心に残り、それは時間がたっても消えることがありませんでした。やがてボリビアやペルーに行ってインカ文明の子孫に会い、彼らのジャガイモ畑を自分の目で見てみたいと思うようになりました。

それが実現したのが、「はじめに」でも述べましたように一九六八年のアンデス栽培植物調査でした。それ以来、私の四〇年間にわたるアンデスを中心としたフィールドワークが始まったわけです。そして、そのなかで次第に私の関心はジャガイモに集中してゆきました。とくに、本文中でも紹介しましたマルカパタ村の先住民の人たちとの暮らしと客員研究員として過した国際ポテトセンターでの経験が決定的な影響を与えました。

この国際ポテトセンターを、本書を書き上げる直前の今年(二〇〇八年)一月に訪問しました。最近の活動状況を知るためでしたが、そこで大変驚いたことがあります。国際ポテトセンターには、欧米を中心として世界各国から研究者が集まっていますが、そのなかで日本人研究者はもう一〇年以上も不在の状態がつづいているのだそうです。かなり以前から日本人による国際貢献の必要性が叫ばれながら、実態はこのような状態にあることを知って驚いたわけです。また、日本の今後の食糧安全保障のためにも、国際ポテトセンターのような国際農業研究センターに日本人研究者が滞在し、世界の食糧の動向を知ることはとても大切なはずです。

じつは、私が本書を書いたのは、人間の歴史のなかでジャガイモが果たした大きな役割を知ってもらうこととともに、若い読者のなかから一人でもジャガイモなどの作物に関心をもち、その研究をとおして世界の食糧問題に貢献してほしいと願っていたためでもあります。ちょうど、中尾先生が書かれた岩波新書を読んで、私がジャガイモやアンデスに目をひらかれたように。

さて、本書のもとになった調査ではじつに多くの人たちのお世話になりましたが、ここでは紙面が限られていますので日本における調査に限って御礼を述べさせていただきます。まず、本書は広い地域を扱い、その歴史についても述べましたので、私の力を超える点が多々ありました。そのため、これらの部分に関しましては専門家の方たちにご助言をいただきました。ご協力いただいたのは、稲村哲也(愛知県立大学)、鹿野勝彦(金沢大学)、菊澤律子・齋藤晃(国立民族学博物館)、末原達郎(京都大学)、藤倉雄司・本江昭夫(帯広畜産大学)、真山滋志(神戸大学)の諸先生がたです。また、北海道や青森県の現地調査では、氏家等(元北海道開拓記念館)、桜庭俊美

（元小川原湖民俗博物館）、神野正博（神野でんぷん工場）、西山和子（元青森県野辺地地区農業開発センター）、故平岡栄松（平岡澱粉工場）の皆さまのお世話になりました。

本書刊行にあたっても何人もの方たちにお世話になっています。まず、本書の編集担当である岩波新書編集部の太田順子さんは、本書の構想を考えてくださいました。それはもう三年も前のことですが、それ以来の太田さんの的確なご指示と励ましのおかげで私は何とか本書を書き上げることができました。また、本書の執筆にあたり国立民族学博物館図書係の近藤友子さんと岡島礼子さんは数多くの文献の探索や借用に尽力してくださいました。さらに、私の研究室の秘書の山本祥子さんは、原稿のワープロ入力や図表の作成、校正などに全面的に協力してくださいました。

以上、ご協力いただいた皆さまに「ありがとうございました」と厚く御礼申し上げる次第です。

二〇〇八年四月　大阪・千里にて

山本紀夫

初出

第1章・第2章　『ジャガイモとインカ帝国』（東京大学出版会）

第4章　『ヒマラヤの環境誌』（八坂書房）

いずれも、今回、本書のために大幅に書き改めた。

参考文献（引用文献も含む）

青森県環境生活部文化・スポーツ振興課県史編さん室『小川原湖周辺と三本木原台地の民俗』2001年
青森県教育会編『青森県地誌』大和学芸図書，1978年
アコスタ，ホセ・デ『新大陸自然文化史（上）（下）』（大航海時代叢書）増田義郎訳，岩波書店，1966（原著は1590）年
伊東俊太郎『文明の誕生』講談社学術文庫，1988年
インカ・ガルシラーソ・デ・ラ・ベーガ『インカ皇統記1（上）（下）』（大航海時代叢書エクストラシリーズ）牛島信明訳，岩波書店，1985（原著は1609）年
江上波夫『文明の起源とその成立』（江上波夫著作集2）平凡社，1986年
大槻磐水（玄沢）『蘭畹摘芳』（江戸科学古典叢書31）恒和出版，1980（原著は1831）年
奥村繁次郎『家庭和洋料理法』大学館，1905年
香川芳子『五訂増補食品成分表2006』女子栄養大学出版部，2005年
鹿野勝彦『シェルパ　ヒマラヤ高地民族の二〇世紀』茗渓堂，2001年
金原左門・竹前栄治編『昭和史―国民のなかの波乱と激動の半世紀』有斐閣選書，1982年
加茂儀一『食物の社会史』角川書店，1957年
川北稔『世界の食文化17イギリス』農山漁村文化協会，2006年
寛雲老人『津久井日記』（甲斐志料集成第一）歴史図書社，1981年
敬学堂主人『西洋料理指南』雁金書屋，1872年
経済雑誌社校『徳川実紀』経済雑誌社，1907年
国立天文台編『理科年表』丸善，2007年
小菅桂子『にっぽん洋食物語』新潮社，1983年
ゴッホ．V『ゴッホの手紙』（世界教養全集12）平凡社，三好達治訳，1973年

小林寿郎『勧農叢書　馬鈴薯』，有隣堂，1892 年
斎藤英里「19 世紀のアイルランドにおける貧困と移民―研究史的考察」『三田学会雑誌』78(3)：82-92，1985 年
斎藤美奈子『戦下のレシピ―太平洋戦争下の食を知る』岩波アクティブ新書，2002 年
笹沢魯羊『下北半嶋史』(復刻版)名著出版，1978 年
ザッカーマン，ラリー『じゃがいもが世界を救った―ポテトの文化史』関口篤訳，青土社，2003 年
サンダーズ，W. T.，マリーノ，J. J.『現代文化人類学 6　新大陸の先史学』大貫良夫訳，鹿島研究所出版会，1972 年
シエサ・デ・レオン『インカ帝国史』(大航海時代叢書)増田義郎訳・注，岩波書店，1979(原著は 1553)年
――『激動期アンデスを旅して』(アンソロジー・新世界の挑戦 5)染田秀藤訳，岩波書店，1993 年
昭和女子大学食物学研究室編『近代日本食物史』近代文化研究所，1971 年
高野長英「救荒二物考」『日本農書全集 70 学者の農書 2』佐藤常雄ほか編，吉田厚子訳，農山漁村文化協会，1996 年
丹治輝一「馬鈴薯澱粉製造法の技術的改善について―戦前の在来工場の場合―」『北海道開拓記念館研究年報　第 17 号』109-122，北海道開拓記念館，1989 年
月川雅夫『長崎ジャガイモ発達史』長崎県種馬鈴薯協会，1990 年
ツンベルグ『ツンベルグ日本紀行』(異国叢書 4)山田珠樹訳，雄松堂書店，1975 年
東京割烹講習会監『馬鈴薯のお料理』東京割烹講習会発行，1920 年
ドッジ，B. S.『世界を変えた植物―それはエデンの園から始まった』白幡節子訳，八坂書房，1988 年
中尾佐助「農業起源論」森下・吉良編『自然―生態学的研究』(今西錦司博士還暦記念論文集)中央公論社，1967 年
中原為雄「北海道における馬鈴薯澱粉製造技術の変遷」山崎俊雄・前田清志編『日本の産業遺産―産業考古学研究』玉川大学出版部，1986 年
中道等『十和田村史(下巻)』青森県上北郡十和田村役場，1955 年

鳴沢村誌編纂委員会『鳴沢村誌』鳴沢村，1988年
日置順正「斜里町の澱粉生産について」『知床博物館研究報告』13:31-64，1991年
ピース，F.，増田義郎『図説インカ帝国』義井豊（写真），小学館，1988年
ピサロ，ペドロ「ピルー王国の発見と征服」『ペルー王国史』（大航海時代叢書第2期16）増田義郎訳・注，岩波書店，1984年
星川清親編著『いも―見直そう土からの恵み』女子栄養大学出版，1985年
――『栽培植物の起原と伝播』二宮書店，1978年
北海道廳内務部『馬鈴薯澱粉ニ關スル調査』北海道廳内務部編，1917年
ホブハウス，ヘンリー『歴史を変えた種―人間の歴史を創った5つの植物』阿部三樹夫，森仁史共訳，パーソナルメディア，1987年
南直人『世界の食文化18 ドイツ』農山漁村文化協会，2003年
――『ヨーロッパの舌はどう変わったか―十九世紀食卓革命』講談社，1998年
ミラー，K.，ワグナー，P.『アイルランドからアメリカへ―700万アイルランド人移民の物語』茂木健訳，東京創元社，1998年
ムーディ，T.W.，マーチン，F.X.『アイルランドの風土と歴史』堀越智訳，論創社，1982年
メイヒュー，ヘンリー『ロンドン路地裏の生活誌（上）―ヴィクトリア時代』植松靖夫訳，原書房，1992年
森山泰太郎他編『聞き書　青森の食事』（日本の食生活全集2），農山漁村文化協会，1986年
矢島睿他編『聞き書　北海道の食事』（日本の食生活全集1），農山漁村文化協会，1986年
山本紀夫「作物と家畜が変えた歴史―もう一つの世界史」川田順造・大貫良夫編『生態の地域史』山川出版社，2000年
――「伝統農業の背後にあるもの―中央アンデス高地の例から」田中耕司編『自然と結ぶ―農にみる多様性』昭和堂，2000年
――『ジャガイモとインカ帝国―文明を生んだ植物』東京大学出

版会，2004 年
――「山岳文明を生んだアンデス農業とそのジレンマ」梅棹忠夫・山本紀夫編『山の世界　自然・文化・暮らし』岩波書店，2004 年
山本紀夫・稲村哲也編『ヒマラヤの環境誌―山岳地域の自然とシェルパの世界』八坂書房，2000 年
ラウファー，ベルトルト『ジャガイモ伝播考』福屋正修訳，博品社，1994 年

＊ Bauhin, Caspar *Prodromos Theatri Botanici.* Frankfurt, 1620
Burger, R. L. and N. J. Van der Merwe Maize and the origin of highland Chavín civilization : An isotopic perspective. *American Anthropologist* 92 (1) 85-95, 1990
Donnelly, Jr. James S. *The Great Irish Potato Famine.* Sutton Publishing, 2001
Durr, G., Lorenzl, *G. Potato Production and Utilization in Kenya.* Centro Internacional de la Papa Lima, Peru, 1980
Eden, Sir Frederic Morton *The State of The Poor : Volume One.* Augustus M. Kelley Publisher, New York, 1965
Fürer-Haimendorf, Christoph von *The Sherpas of Nepal : Buddhist Highlanders.* Sterling Publishers, 1964
＊ Gerard, John *The Herball ; or, General Historie of Plantes.* London, 1597
Gray, Peter *The Irish Famine.* Thames & Hudson, London, 1995
Guaman Poma de Ayala, F. *Nueva Córonica y Buen Gobierno.* Siglo XXI/IEP, Mexico, 1980 (1613)
Hawkes, J. G. *The Potato. Evolution, Biodiversity and Genetic Resources.* Belhaven Press, London, 1990
Hawkes, J. G. and J. Francisco-Ortega The Potato in Spain during the Late 19th Century. *Economic Botany* 46 (1) : 86-97, 1992
Hooker, Joseph Dalton *Himalayan Journals : Notes of a Naturalist.* Today & Tomorrow's Printers & Publishers, 1855
Horton, Douglas *Potatoes : Production, Marketing, and Programs for*

Developing Countries. Westview Press, 1987

Kolata, A. *The Tiwanaku: Portrait of an Andean Civilizataion.* Blackwell Publ., Cambridge, 1993

Langer, W. L. American Foods and Europe's Growth 1750-1850. *Journal of Social History* 8 (2) : 51-66, 1975

Litton, Helen *The Irish Famine: An Illustrated History.* Wolfhound Press, 1994

Matienzo, J. de *Gobierno del Perú.* Travaux del'Institut Francais d'Etude Andines. T. XI. Institut Francais d'Etude Andines. Paris, 1967 (1567)

* Philips, Henry *History of Cultivated Vegetables.* London, 1822

Rowe, J. H. Urban Settlements in Ancient Peru. *Ñawpa Pacha* 1:1-37, 1963

Salaman, Redcliffe N. *The History and Social Influence of The Potato.* Cambridge University Press, 1949

* Serres, Olivier De, *Théatre d'Agriculture et Mesnages des Champs.* Paris, 1802 (1600)

Stevens, Stanley F. *Claiming the High Ground: Sherpas, Subsistence, and Environmental Change in the Highest Himalaya.* Motilal Banarsidass, Delhi, 1996

Teuteberg, H., G. Wiegelmann, *Der Wandel der Nahrungsgewohnheiten unter dem Einfluß der Industrialisierung.* Göttingen Vandenhoeck & Ruprecht 1972

Turner, Michael *After the Famine: Irish Agriculture 1850-1914.* Cambridge University Press, 1996

Walton, J. K. *Fish and Chips and the British Working Class, 1870-1940.* Leicester, 1992

Woodham-Smith, Cecil *The Great Hunger: Ireland 1845-1849.* Penguin Books, 1962

Woolfe, J. A. *The Potato in the Human Diet.* Cambridge University Press, 1987

＊印は直接に参照できなかった文献

山本紀夫

1943年大阪市生まれ．国立民族学博物館名誉教授．京都大学卒業．同大学院博士課程修了．農学博士(京都大学)．学術博士(東京大学)．民族学，民族植物学，環境人類学専攻．第19回大同生命地域研究奨励賞，第8回秩父宮記念山岳賞，第8回今西錦司賞，第29回松下幸之助花の万博記念賞などを受賞．1968年よりアンデス，アマゾン，ヒマラヤ，チベット，アフリカ高地などで主として先住民による環境利用の調査に従事．1984～87年には国際ポテトセンター客員研究員．主な著書に『インカの末裔たち』(日本放送出版協会)，『ジャガイモとインカ帝国』(東京大学出版会)，『ラテンアメリカ楽器紀行』(山川出版社)，『雲の上で暮らす』(ナカニシヤ出版)，『天空の帝国インカ』(PHP新書)，『トウガラシの世界史』(中公新書)，『高地文明』(中公新書)など．

ジャガイモのきた道
―文明・飢饉・戦争　　岩波新書(新赤版)1134

2008年5月20日　第1刷発行
2023年5月25日　第11刷発行

著　者　山本紀夫《やまもとのりお》

発行者　坂本政謙

発行所　株式会社 岩波書店
〒101-8002 東京都千代田区一ツ橋2-5-5
案内 03-5210-4000　営業部 03-5210-4111
https://www.iwanami.co.jp/

新書編集部 03-5210-4054
https://www.iwanami.co.jp/sin/

印刷・三陽社　カバー・半七印刷　製本・中永製本

ISBN 978-4-00-431134-8　　Printed in Japan

岩波新書新赤版一〇〇〇点に際して

ひとつの時代が終わったと言われて久しい。だが、その先にいかなる時代を展望するのか、私たちはその輪郭すら描きえていない。二〇世紀から持ち越した課題の多くは、未だ解決の緒を見つけることのできないままであり、二一世紀が新たに招きよせた問題も少なくない。グローバル資本主義の浸透、憎悪の連鎖、暴力の応酬——世界は混沌として深い不安の只中にある。

現代社会においては変化が常態となり、速さと新しさに絶対的な価値が与えられた。消費社会の深化と情報技術の革命は、種々の境界を無くし、人々の生活やコミュニケーションの様式を根底から変容させてきた。ライフスタイルは多様化し、一面では個人の生き方をそれぞれが選びとる時代が始まっている。同時に、新たな格差が生まれ、様々な次元での亀裂や分断が深まっている。社会や歴史に対する意識が揺らぎ、普遍的な理念に対する根本的な懐疑や、現実を変えることへの無力感がひそかに根を張りつつある。そして生きることに誰もが困難を覚える時代が到来している。

しかし、日常生活のそれぞれの場で、自由と民主主義を獲得し実践することを通じて、私たち自身がそうした閉塞を乗り超え、希望の時代の幕開けを告げてゆくことは不可能ではあるまい。そのために、いま求められていること——それは、個と個の間で開かれた対話を積み重ねながら、人間らしく生きることの条件について一人ひとりが粘り強く思考することではないか。その営みの糧となるものが、教養に外ならないと私たちは考える。歴史とは何か、よく生きるとはいかなることか、世界そして人間はどこへ向かうべきなのか——こうした根源的な問いとの格闘が、文化と知の厚みを作り出し、個人と社会を支える基盤としての教養となった。まさにそのような教養への道案内こそ、岩波新書が創刊以来、追求してきたことである。

岩波新書は、日中戦争下の一九三八年一一月に赤版として創刊された。創刊の辞は、道義の精神に則らない日本の行動を憂慮し、批判的精神と良心的行動の欠如を戒めつつ、現代人の現代的教養を刊行の目的とする、と謳っている。以後、青版、黄版、新赤版と装いを改めながら、合計二五〇〇点余りを世に問うてきた。そして、いままた新赤版が一〇〇〇点を迎えたのを機に、人間の理性と良心への信頼を再確認し、それに裏打ちされた文化を培っていく決意を込めて、新しい装丁のもとに再出発したいと思う。一冊一冊から吹き出す新風が一人でも多くの読者の許に届くこと、そして希望ある時代への想像力を豊かにかき立てることを切に願う。

（二〇〇六年四月）